Macarons et Religieuses

Toutes mes meilleures recettes pour réussir des religieuses et des macarons délicieux!

找寻最好的法式马卡龙
品味精美的修女泡芙

Macarons et Religieuses

Toutes mes meilleures recettes pour réussir des religieuses et des macarons délicieux!

找寻最好的法式马卡龙
品味精美的修女泡芙

Macarons et Religieuses

Toutes mes meilleures recettes pour réussir des religieuses et des macarons délicieux!

找寻最好的法式马卡龙
品味精美的修女泡芙

Macarons et Religieuses

巴黎食尚风

手作马卡龙和法式泡芙

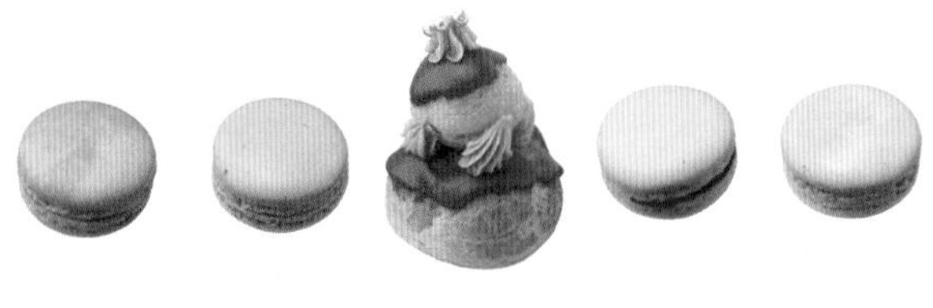

（日）小林香苗　著

黛嘉　译

河南科学技术出版社

·郑州·

序

无论巴黎还是日本，马卡龙都是超人气甜点

这几年，巴黎吹起了马卡龙旋风!

知名的甜点师傅纷纷开设马卡龙专卖店，将这款传统法式甜点不断地推陈出新。在巴黎旅行时，总会在街上看到创新口味或时髦造型的各式马卡龙，华丽地装饰着甜点店的玻璃橱窗。

前一阵子，我在巴黎发现了一款闪耀着珍珠光泽的马卡龙，乍一看外表一片雪白，仔细端详，却发现是马卡龙正闪烁着银光。

我当时不禁由衷地赞叹:“真的好美!”还因此萌生了“好想做做看”的念头。回国之后，马上动手尝试，完成的马卡龙宛如一颗颗光彩动人的圆宝石，可爱得令人不忍食用。

在巴黎深受大家喜爱的马卡龙，在日本也非常受欢迎!

我想很多人可能是因为有“好可爱，好想自己做做看”的想法，才会购买本书吧。

马卡龙虽然属于烘焙点心，却拥有缤纷的色彩及变化万千的口味组合，这正是我喜欢马卡龙的原因，也是它广受欢迎的秘密。只要体验过一次烘焙马卡龙的过程，就会忍不住想制作更多不同的种类，让人乐在其中，流连忘返。只要熟练掌握马卡龙蛋白霜的做法后，就能轻松变化出各种不同造型的马卡龙，如心形、小熊或花朵等，非常有趣。

本书的另一项重点内容是要为你介绍现在巴黎人气上升中的法式修女泡芙。只要学会制作泡芙面糊和卡士达奶油，就能轻松完成修女泡芙。而卡士达奶油还能再变化出许多不同的口味，让修女泡芙更加美味。

除此之外，制作马卡龙和修女泡芙时，无须使用烤模，需要准备的材料也很简单。只要有挤花袋和花嘴，就可以在家轻松制作，这也是它们令人着迷的魅力所在。

现在，就请各位参照本书介绍的方法，一起烘烤来自巴黎的马卡龙和修女泡芙吧!

Kanaé Kobayashi

小林香苗

Contents 目录

6 法式蛋白霜与意式蛋白霜——
马卡龙的两种不同做法

Macarons
马卡龙

8 制作马卡龙的基本材料
9 为马卡龙添加各种口味与装饰
10 所需的其他材料与主要工具

13 基础马卡龙圆饼

13 法式蛋白霜配方
17 意式蛋白霜配方
20 奶油夹心馅和巧克力夹心馅

23 为马卡龙加入夹心馅的重点

23 用夹心馅将马卡龙黏合起来吧
24 制作马卡龙的重点和诀窍

26 专栏

26 时髦的甜点代表——
巴黎马卡龙与日本马卡龙

Mes Nouveaux Macarons
创意马卡龙

28 春之马卡龙

29 杏仁巧克力马卡龙
29 樱花马卡龙
30 玫瑰马卡龙
31 蓝莓起司蛋糕马卡龙

32 夏之马卡龙

33 柑橘薄荷马卡龙
33 梅酒马卡龙
34 番茄罗勒马卡龙
35 香槟哈密瓜马卡龙

36 秋之马卡龙

37 焦糖苹果马卡龙
37 南瓜马卡龙
38 蒙布朗马卡龙
39 烤红薯马卡龙

40 冬之马卡龙

41 皇家奶茶马卡龙
41 黑七味马卡龙
42 柚香马卡龙
43 黑醋栗马卡龙

44 **特殊造型马卡龙**

45 泪光闪闪——泪滴马卡龙
46 心心相印——晶钻心形马卡龙
49 花朵马卡龙
51 马卡龙小熊
52 长饼马卡龙
55 宝石马卡龙
56 大理石马卡龙
59 马卡龙蛋糕
60 马卡龙塔

62 **专栏**

62 马卡龙的美味调查——关于马卡龙的新口味研发

64 **照片**

64 巴黎街头的马卡龙与修女泡芙

Religieuses de Paris

巴黎的法式修女泡芙

69 **基础修女泡芙**

69 香草修女泡芙
72 基础卡士达奶油
72 基础翻糖
73 卡士达奶油与翻糖的口味变化

76 **特殊造型修女泡芙**

77 玫瑰修女泡芙
77 咖啡修女泡芙
78 热带水果修女泡芙
79 覆盆子修女泡芙
81 巧克力修女泡芙
81 焦糖修女泡芙
82 抹茶修女泡芙

84 **专栏**

84 拥抱传统的法式甜点——在巴黎与各式各样的修女泡芙相遇

87 跋

制作甜点的注意事项

· 烤箱的品牌不同，火力大小会有差异，请根据平常使用的烤箱情况调整火力。本书使用的烤箱为对流恒温烤箱。
· 请以“克”为单位，正确地称量材料。
· 请使用纯度为 100% 的杏仁粉和糖粉。
· 制作甜点的过程中，经常会接触温度较高的烤盘与锅具，拿取时请戴上棉质厚手套或隔热手套，并穿合适的衣服进行烘焙，以免烫伤。特别是打开烤箱确认马卡龙面糊的烘烤程度及制作意式蛋白霜糖浆时，更要小心。

法式蛋白霜与意式蛋白霜——马卡龙的两种不同做法

马卡龙很难做!

老实说，这是我个人真实的感想。我想，只要是挑战过马卡龙的人，大概都会有同感吧!

这个世界上，再也没有比马卡龙更脆弱纤美的甜点了。因此，你一旦成功地烘烤出完美的马卡龙，相信一定比制作其他甜点所获得的成就感更大。看着烤箱里的面糊开始膨胀，溢出“蕾丝裙边”，再慢慢变成圆乎乎的可爱形状，实在令人欢呼雀跃。这份感动，正是制作马卡龙令人回味不已的原因之一。

马卡龙的制作方法主要分为两种——法式蛋白霜与意式蛋白霜。我建议初学者先掌握法式蛋白霜的配方。法式蛋白霜比较传统且做法相对简单，首先将加入砂糖的蛋白打发，再加入杏仁粉和糖粉混合即可。这种做法包含了甜点制作的多种基本功，因此非常适合初学者学习。

最近，意式蛋白霜的配方也很流行。做法是先混合杏仁粉、糖粉和蛋白，搅拌成类似杏仁糖状的面糊（本书中的面糊不一定含有面粉，为材料制作中的一种状态）后，在湿性发泡的蛋白霜里加入熬煮至117℃的砂糖糖浆，继续搅打至干性发泡，最后将面糊和蛋白霜混合均匀即可。如果能掌握这个配方，则很容易制作出稳定、坚固且不易消泡的蛋白霜。

本书收录的所有作品，都是在家就能成功制作的马卡龙配方。这是我在巴黎初次遇到马卡龙后的 15 年内，不断研究制作方法，反复修正错误，终于完成的心血结晶。每个作品均附有详细的解说，并列举制作时的重点，各位读者一定要先仔细阅读制作方法再尝试。

制作马卡龙，即使对甜点师傅来说也不是一件容易的事。不过，通过本书的解说，即使是曾有过多次失败经验的人，也一定能轻松烘焙出漂亮又好吃的马卡龙。

Macarons: Recettes de base

Les Macarons de kanaé

马卡龙：入门级

富有特色的马卡龙

Macarons
马卡龙

现在，终于要开始制作马卡龙了。

先为你介绍法式与意式两种蛋白霜的做法。

虽然有点难，不过成功时，却让人高兴得不得了!

Ingrédients

制作马卡龙之前一定要了解的内容

制作马卡龙的基本材料

为了烤出漂亮的马卡龙，首先要知道选择材料的秘诀和注意事项。
请务必充分做好事前准备，才能成功烤出好吃的马卡龙。

Blanc d' oeufs

蛋白

将鸡蛋从冰箱中取出，放在常温（夏季时请冷藏）下两三天，降低蛋白的弹性和韧度，这样制作的面糊状态较佳。若直接将冷藏后温度较低的蛋白拌入面糊中，杏仁粉会释放出油脂，导致面糊结块。因此，冷藏过的鸡蛋可隔水加热至接近体温（35 ~ 38℃）时再使用。

Blanc d' oeufs en poudre

烘焙用蛋白粉

蛋白粉又称干燥蛋白，是将蛋白脱水后磨制而成的粉末。在打蛋白霜时添加少许并混合搅拌，会让蛋白霜的发泡程度及稳定性更佳，烘烤后的马卡龙圆饼也不易破裂。蛋白粉可以在烘焙材料专卖店购买。

Sucre glace

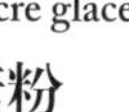

糖粉

大多数糖粉中会添加少许玉米淀粉，以防结块。但这种糖粉会让烤好的马卡龙出现裂痕，所以一定要使用100% 的纯糖粉。

Sucre semoule

细砂糖

请使用颗粒细致的细砂糖。除了马卡龙，细砂糖也适用于制作其他甜点。

Poudre d'amandes

杏仁粉

杏仁粉是用杏仁磨成的粉末。如果使用放置时间较长的杏仁粉，会导致马卡龙的表面出现裂痕，甚至变得粗糙。使用新鲜的杏仁粉，是成功制作马卡龙的关键因素之一。我最喜欢使用来自西班牙的 marcona 杏仁粉。

奶油夹心馅美味的秘密

pâte d'amandes

杏仁膏

杏仁膏是一种以杏仁粉和砂糖为原料的糖膏（主要成分为杏仁）。在制作马卡龙奶油夹心馅时，我常将杏仁膏与奶油混合搅拌。添加了杏仁膏的夹心馅带有浓郁的杏仁香味，而且放入冰箱冷藏也不会变硬。它是我烘焙马卡龙时不可或缺的材料。

Arômes et Couleurs

为马卡龙添加各种口味与装饰

只要加入不同的食材粉末，就能做出各式各样的口味，这也是马卡龙的魅力所在。
除了常见的可可粉与抹茶粉，还可以尝试蔬菜粉、水果干粉和食用花粉等材料。
现在，就让我们开始制作自己最喜爱的口味吧！

Matcha

抹茶粉

制作日式马卡龙时，抹茶粉是绝对不可或缺的材料。

Caramel

焦糖粉

在面糊中加入焦糖粉，就能做出好吃的焦糖马卡龙。焦糖粉可以在烘焙材料店购买。

Cacao en poudre

可可粉

将可可豆脱脂粉碎后，研磨成粉末状，即成可可粉。制作马卡龙或其他甜点时，请使用无糖的纯可可粉。

Rose, Sakura, Lavande

食用花粉

玫瑰 / 樱花 / 薰衣草

添加了食用花粉的面糊和奶油夹心馅，会散发出淡淡的花香。食用花粉可以在香草专卖店或烘焙材料店购买，如果买不到，也可以将食用干燥花用食物研磨机磨成粉末。

Framboise,Yuzu

水果干粉

覆盆子 / 柚子

水果干粉是将水果风干后研磨而成的颗粒或粉末，颗粒状的干粉请过筛后使用。水果干粉可以在烘焙材料店购买。

Patate douce,Marron,Potiron

蔬菜粉

紫薯 / 栗子 / 南瓜

蔬菜粉是将蔬菜风干后研磨而成的粉末。除了以上品种，还有番茄和菠菜等种类。

Colorant

食用色素

可用于为马卡龙上色。液状的可直接使用，粉末状的则必须先加水溶化。面糊在加入色素时，记得要边确认面糊的颜色边调整，直至调成自己喜欢的颜色。

Trablit

浓缩液

咖啡和焦糖的浓缩液体，可用于制作咖啡口味的马卡龙。在法国，它是常用的甜点烘焙材料。

Poudre d'or, Poudre d'argent

食用金粉与银粉

有了它们，就能做出闪闪发亮的马卡龙（参见 P45、49）了。用刷子将食用金粉和银粉涂抹在马卡龙的表面，烘烤后宛如宝石般耀眼。请在烘焙材料店或金箔专卖店购买，记得要选择可食用的金粉与银粉。

Perle argentée

食用珍珠球

把它装饰在马卡龙的表面，就变成可爱的宝石马卡龙了。珍珠球的颜色有金色、银色和粉红色等，请选择自己喜欢的颜色来装饰吧！

所需的其他材料与主要工具

下面为你介绍烘焙马卡龙和修女泡芙时必备的其他材料与工具。由于马卡龙和修女泡芙只要使用挤花袋就能塑形，无须使用烤模，因此利用身边的现成材料及简单工具就能制作，实在令人开心。

Ingrédients
材料

Farine
低筋面粉

制作甜点的基础粉料，用于制作泡芙面糊。

Sucre
砂糖

糖粉是制作马卡龙与翻糖不可或缺的材料。制作蛋白霜和卡士达奶油时，应使用细砂糖或易溶解的特细砂糖。

Beurre
奶油

制作不同的甜点时，奶油的使用方法各异。例如，让奶油升至常温，软化后使用；有时则会维持冷藏的温度直接使用。本书一般使用无盐奶油。

Oeuf
鸡蛋

请选用中等大小的鸡蛋。1 个鸡蛋去除蛋壳，净重约 55 克。鸡蛋如经冷藏，请先升至常温再使用。

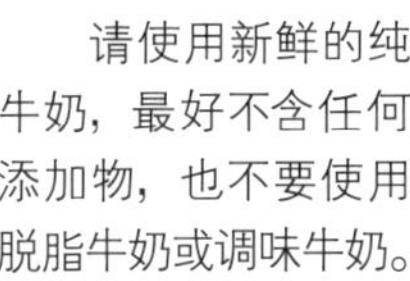

Lait
牛奶

请使用新鲜的纯牛奶，最好不含任何添加物，也不要使用脱脂牛奶或调味牛奶。

Purée de fruits
水果泥

请用 100% 的水果泥，市售的冷冻水果泥要先解冻再使用。如果在卡士达奶油里加入水果泥，就会变成具有水果风味的奶油酱。上图为覆盆子果泥与热带水果果泥。

Matériels

工具

Poêlon à sucre

小锅

用小锅加热或熬煮材料更方便。主要用于制作意式蛋白霜的糖浆和卡士达奶油。

Bol

钢盆

请事先准备好几个大钢盆和小钢盆。

Pinceau

毛刷

用于蘸取金粉或银粉，装饰马卡龙的表面。制作意式蛋白霜的糖浆时，用它扫净附着在锅边上的砂糖也很好用。

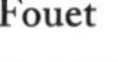

Fouet

打蛋器

用于打散鸡蛋、搅拌奶油或翻糖。

Thermomètre

温度计

在熬煮意式蛋白霜所需的糖浆时，会使用温度计。

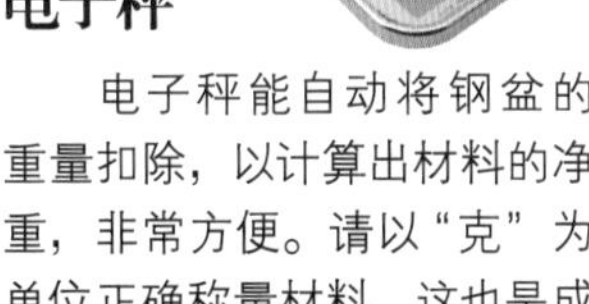

Balance

电子秤

电子秤能自动将钢盆的重量扣除，以计算出材料的净重，非常方便。请以“克”为单位正确称量材料，这也是成功制作甜点的关键因素。

Spatule silicone

橡皮刮刀

用于搅拌面糊或从钢盆中舀出面糊等的必备操作工具。

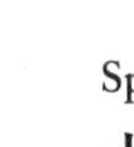

Spatule

木铲

用于搅拌锅里正在加热的材料或混合高温材料等，书中用它制作泡芙面糊。

Corne

刮板

可以利落地切开和混合面团。本书用它制作以意式蛋白霜为基底的马卡龙面糊。

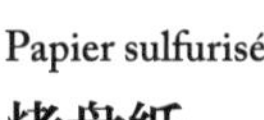

Papier sulfurisé

烤盘纸

烘烤马卡龙和修女泡芙时，要将面糊挤在烤盘纸上。若烤箱的火力太强，可以将两张烤盘纸叠在一起使用。

Passoire

滤网

用于过筛粉料或过滤液体，是制作马卡龙时过筛粉料的必备工具。

Fouet

电动打蛋器

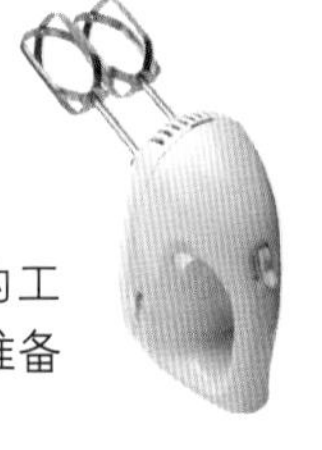

制作蛋白霜不可或缺的工具。制作马卡龙时，一定要准备一台。

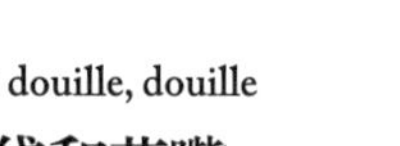

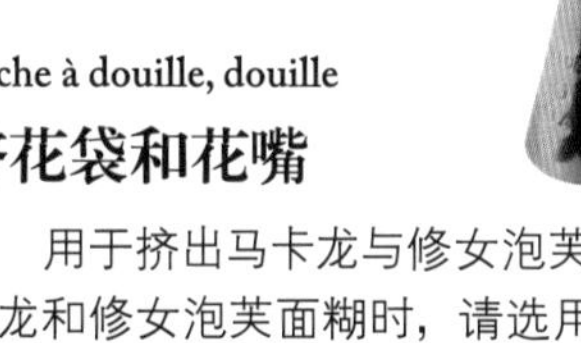

Poche à douille, douille

挤花袋和花嘴

用于挤出马卡龙与修女泡芙面糊。挤马卡龙和修女泡芙面糊时，请选用直径为 1 厘米的圆形花嘴。如果要制作修女泡芙的细节装饰，则使用直径为 0.5 厘米的星形小花嘴。

基础马卡龙圆饼

Meringue Française

法式蛋白霜配方

Macaron à la framboise

覆盆子马卡龙

利用法式蛋白霜制作马卡龙，是法国自古以来的传统配方。首先要向大家介绍的是用法式蛋白霜制作的马卡龙基本款——覆盆子马卡龙。酥软绵密的面糊带有覆盆子的果香，口感甜而不腻，风味高雅。

Recette

材料（分量约 20 个）

材料	分量
·蛋白	65 克
·细砂糖	25 克
·蛋白粉	1克
·红色色素	适量
·杏仁粉	50 克
·糖粉	90 克
·覆盆子颗粒状果干粉	5 克

1.

将杏仁粉、糖粉和覆盆子颗粒状果干粉混合后，过筛两次。

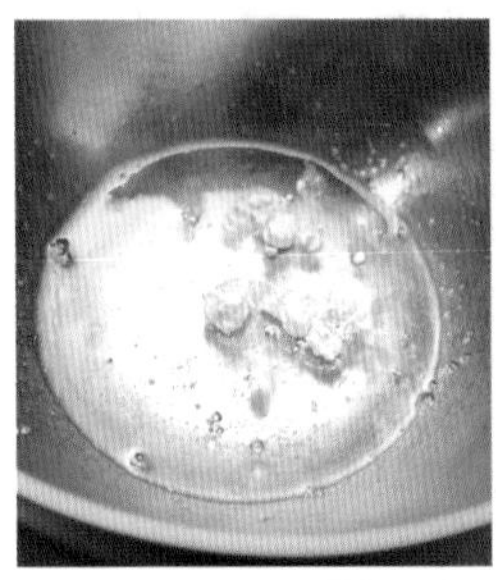

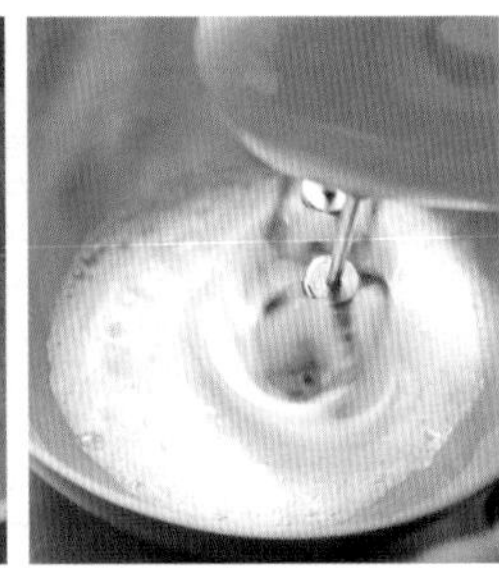

Meringue Française

法式蛋白霜

2.

制作法式蛋白霜：将蛋白和蛋白粉放入钢盆里，用电动打蛋器高速搅打至发泡。

待蛋白霜打发至提起打蛋器时会出现尖角倒钩状后，分数次加入细砂糖。

蛋白霜打发至干性发泡时，表面可拉起比较稳定且硬挺的尖端。

3.

当蛋白霜能拉出弯曲的尖角（湿性发泡）时，分三次加入细砂糖，并持续搅打至表面可拉起挺直的尖端（干性发泡）。此时即使将搅拌盆倒扣过来，蛋白霜也不会滴落。

4.
在打发的蛋白霜里加入适量红色色素，再取一半分量的步骤1拌匀的粉料，边加入边用橡皮刮刀从底部轻轻向上翻起。

混合均匀的面糊质地非常绵密。

5.
逐渐加入剩下的粉料，慢慢混合均匀。搅拌时动作要轻柔，以免破坏了蛋白霜中的小气泡。蛋白霜和干粉融合均匀后，面糊呈柔软绵密的状态。

Macaronnage
拌压面团

拌压时要稍微用力，至可压破气泡的程度。

6.
蛋白霜和干粉混合均匀之后，就要进入被称为"macaronnage"的步骤。用橡皮刮刀将面糊边向钢盆底部按压边搅拌，时刻注意面糊的状态。重复拌压动作，直至面糊变得浓稠细致，而且表面出现光泽。

光滑细致的面糊宛如缎带一般从橡皮刮刀上滑落。
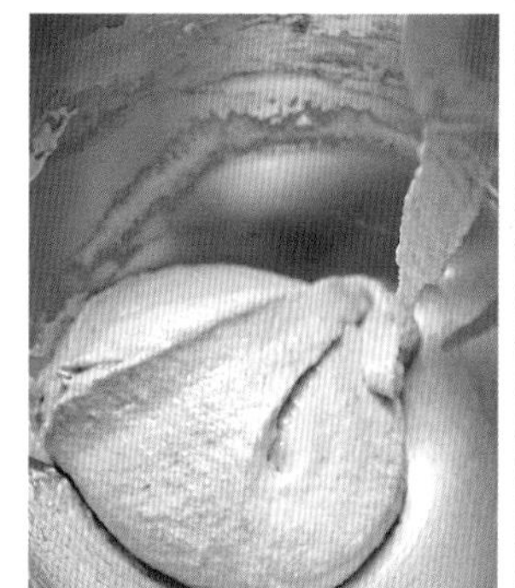
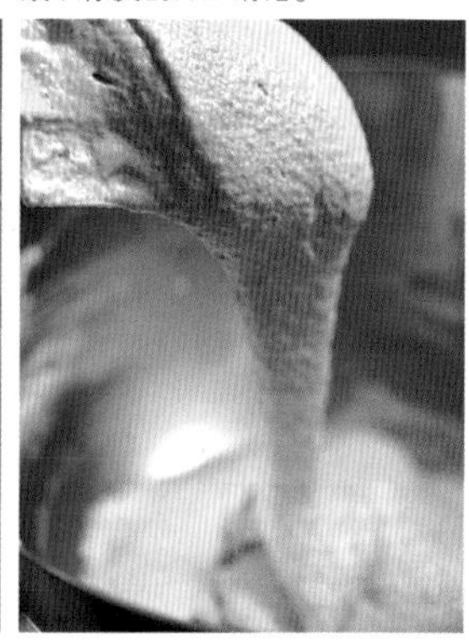

7.
完成的马卡龙圆饼面糊，质地黏稠细滑，表面带有明亮的光泽。

Coucher

挤花成形

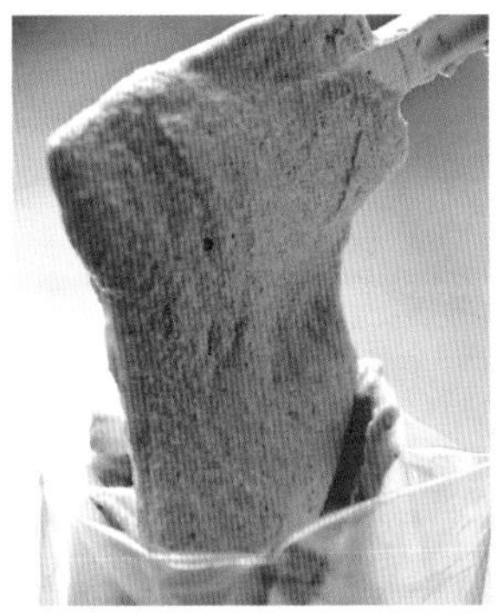

8.

在挤花袋内装入直径为1厘米的圆形花嘴，再将面糊倒入挤花袋中。

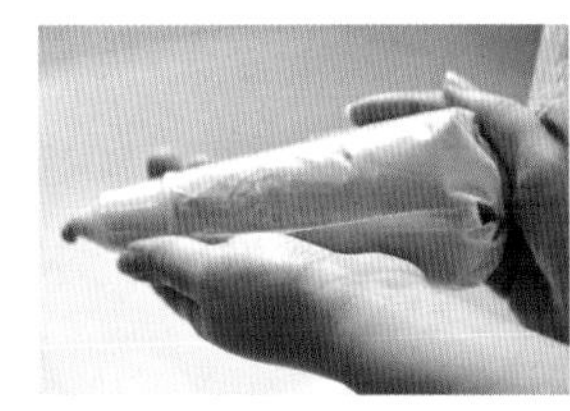

先用一只手托起并固定挤花袋，再用另一只手施力压挤。

如果面糊处于最佳状态，从挤花袋中挤出后，一开始的尖角痕迹自然会慢慢消失。

9.

在铺好烤盘纸的烤盘上，挤出直径约3.5厘米的圆饼状面糊。挤的时候要注意面糊的间隔需保持一致，为了避免最后留下明显的尖角，挤出面糊后，花嘴要转圈收起。

10.

挤好后，让面糊静置约30分钟，直至表面干燥且不黏手。可以不时用手指轻触表面，以确认是否干燥。干燥所需的时间因季节和天气而略有差异，烘烤前一定要确认清楚。

Cuisson

烘焙

11.

将烤箱预热至160℃，放入面糊后将温度调至130℃，烘烤15分钟。约5分钟后，面糊就会开始膨胀隆起，周围溢出“蕾丝裙边”，表面变得光滑且有光泽。

12.

判断马卡龙是否烤好的标准，在于圆饼光滑饱满的程度。从烤箱中取出之前，先用手指捏住一个圆饼摇晃一下，若圆饼不会变形，就表示烤好了。如果没有烤好就取出来，马卡龙会塌陷。

13.

从烤箱中取出烤好的马卡龙时，连同烤盘纸一起从烤盘上取出降温。充分冷却后，即可剥下烤盘纸。烘焙成功的马卡龙，可以完整地从烤盘纸上取下来。

Meringue Italienne

意式蛋白霜配方

Macaron au matcha

抹茶马卡龙

Recette

材料（分量约 20 个）

· 杏仁粉	65 克
· 糖粉	65 克
· 抹茶粉	7 克
· 蛋白	25 克
· 抹茶粉（装饰用）	适量

意式蛋白霜

（完成后约使用 90 克）

· 蛋白	50 克
· 蛋白粉	1 克
· 细砂糖	120 克
· 水	30 毫升

以意式蛋白霜为基底的马卡龙，最大的特点是口感富于弹性。"Pâtisserie Kanae"（我的甜点店）出售的马卡龙就使用这个配方。因为蛋白霜里需要加入熬煮过的糖浆，所以制作时有点难度。不过别担心，一起来挑战吧！

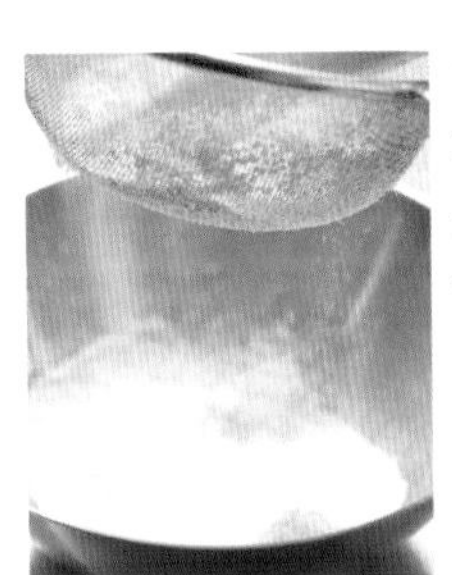

1. 将杏仁粉、糖粉和抹茶粉分别过筛，倒入钢盆中混合均匀。

面糊的质地会变得稍硬。

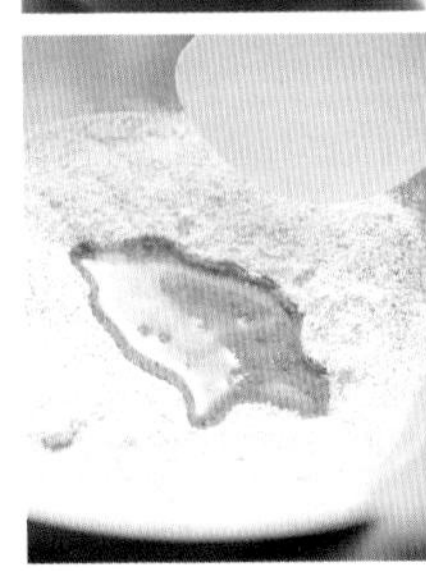

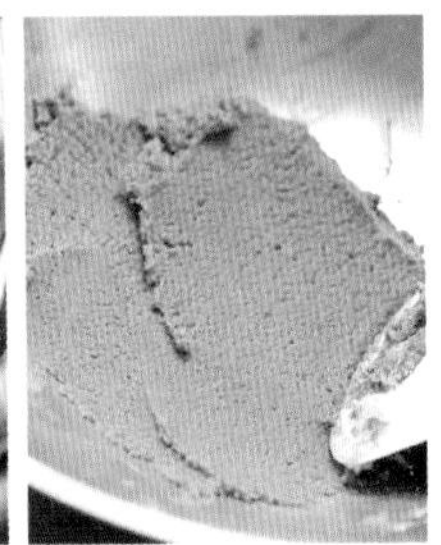

2. 加入蛋白后，用刮板充分搅拌，直至粉末完全溶化。

Meringue Italienne

意式蛋白霜

3. 制作意式蛋白霜：将细砂糖和水放入小锅中拌匀，用中火熬煮至 117℃；加热过程中，当糖浆煮至 110℃时，将蛋白和蛋白粉倒入另一个钢盆里，高速搅打至发泡。

用中火熬煮糖浆。

4. 将煮好的糖浆沿着钢盆边缘，以线状徐徐倒入蛋白霜中，边加入边搅打至干性发泡。需搅打至拿起搅拌器时，蛋白霜出现硬挺尖角的状态。

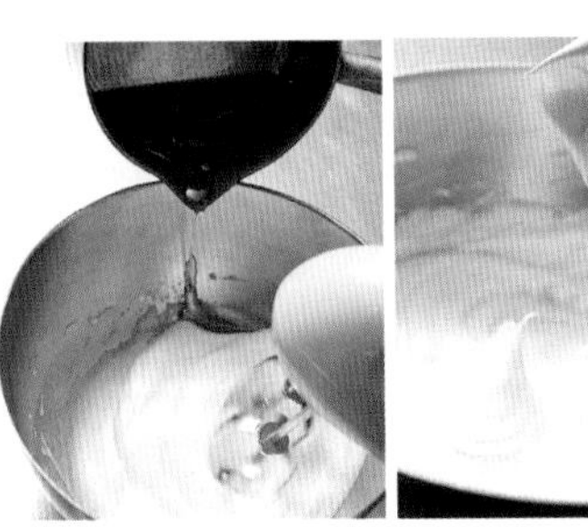

搅打至蛋白霜能拉出硬挺尖角的发泡状态。

5.
取 90 克意式蛋白霜加入面糊中。

6. 用刮板慢慢推压并混合材料，直至面糊变得非常浓稠且均匀。

Macaronnage

拌压面团

7.
将面糊搅拌均匀后，开始“macaronnage”步骤。轻轻地将面糊由钢盆底部向上翻起，再向钢盆内壁轻柔地拌压混合。

8.
用刮板顺着钢盆内壁向底部推压并混合面糊，重复操作，直至蛋白霜中的气泡都被压破，而且面糊出现光泽为止。

面糊慢慢泛出光泽。

9. 完成的面糊质地浓稠，表面光滑且明亮。

面糊表面泛出光泽，从橡皮刮刀上滑落的面糊宛如缎带。

Coucher

挤花成形

10.
在挤花袋内装入直径为1厘米的圆形花嘴，再将面糊倒入挤花袋中。

若面糊已充分混合均匀，从挤花袋中挤出后，一开始的尖角痕迹自然会慢慢消失。

11.
在铺好烤盘纸的烤盘上，挤出直径约3.5厘米的圆饼状面糊。挤的时候要注意面糊的间隔需保持一致，为了避免最后留下明显的尖角，挤出面糊后，花嘴要转圈收起。

12.
将装饰用的抹茶粉倒入滤网，撒在挤好的面糊上。让面糊静置约10分钟，直到表面干燥且不黏手。可以不时用手指轻触表面，以确认是否干燥。干燥所需的时间因季节和天气而略有差异，烘烤前必须确认清楚。

※ 意式蛋白霜所需的干燥时间比法式蛋白霜短，因此静置的时间较短。

Cuisson

烘焙

13.
将烤箱预热至160℃，放入面糊后将温度调至130℃，烘烤15分钟。约5分钟后面糊就会开始膨胀隆起，周围溢出“蕾丝裙边”，表面变得光滑且饱满。

14.
判断马卡龙是否烤好的标准，在于圆饼光滑饱满的程度。从烤箱中取出之前，先用手指捏住一个圆饼摇晃一下，若圆饼不会变形，就表示烤好了。如果没有烤好就取出来，马卡龙会塌陷。

马卡龙可以完整地从烤盘纸上剥下来，几乎没有面糊残留。

15.
从烤箱里取出烤好的马卡龙时，需连同烤盘纸一起从烤盘中取出降温。充分冷却后，即可剥下烤盘纸。烘焙成功的马卡龙，可以完整地从烤盘纸上取下来。

Préparer la Ganache et la Crème au beurre

马卡龙夹心馅的做法

奶油夹心馅和巧克力夹心馅

在两片马卡龙圆饼之间，还有能增添美味的夹心馅料。选择为马卡龙涂上自己喜欢的奶油或巧克力夹心馅吧！现在要为你介绍基础奶油夹心馅和巧克力夹心馅的做法。

Crème au beurre

奶油夹心馅

是否觉得奶油馅太腻了？如果是的话，一定要试试这个配方的奶油夹心馅，保证好吃得让人惊讶。这是我专为马卡龙设计的奶油夹心馅，特点是清爽，而且不过分甜腻。

Crème au beurre

基础奶油夹心馅

Recette

材 料

- 无盐奶油　60 克
- 杏仁膏　60 克
- 个人喜欢的调味粉料　适量

做法

1. 从冰箱中取出无盐奶油，升至室温后，与杏仁膏混合拌匀。刚开始搅拌时，无盐奶油可能会比较硬，请用橡皮刮刀搅拌。拌匀后，改用打蛋器搅拌至细滑的程度。

2. 加入自己喜欢的调味粉料（如香草、香精或果酱等）搅拌均匀。

※ 本书的配方：取 1/2 根香草豆荚，刮出香草子，加入无盐奶油与杏仁膏中，再用打蛋器搅拌至细滑。

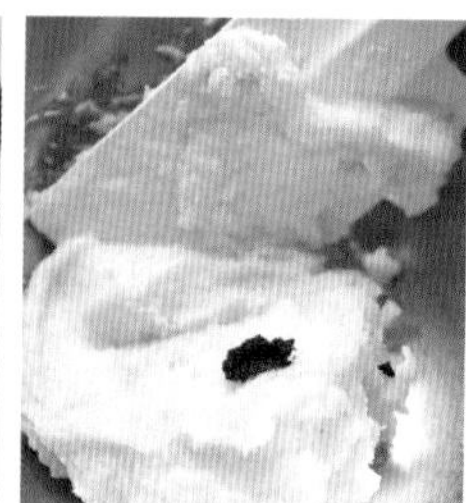

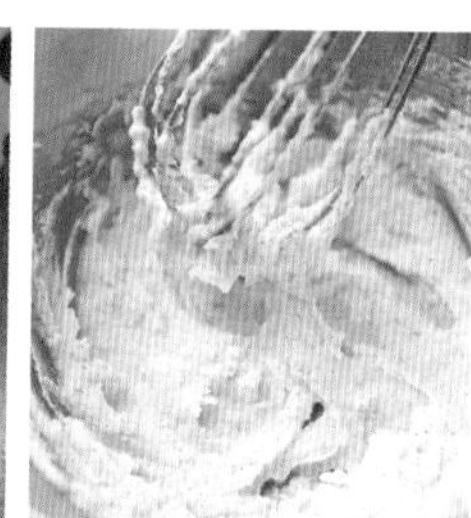

制作奶油夹心馅的小窍门

在无盐奶油（已升至室温）和杏仁膏里，随意添加自己喜欢的调味材料，实在是一件令人愉快的事。你可以试着加入果酱、果泥或切碎的水果，享受更丰富的口感变化。此外，为了避免奶油夹心馅放入冰箱后会变硬，配方中还加入了杏仁膏，这可是美味的秘诀所在啊！

Crème au beurre à la rose

玫瑰奶油夹心馅

Recette

材 料

· 无盐奶油 60 克
· 杏仁膏 60 克
· 烘焙用玫瑰香精或玫瑰酱 20 克

做法

将烘焙用玫瑰香精或玫瑰酱加入基础奶油夹心馅（做法参见 P20，下同）中，搅拌均匀即可。

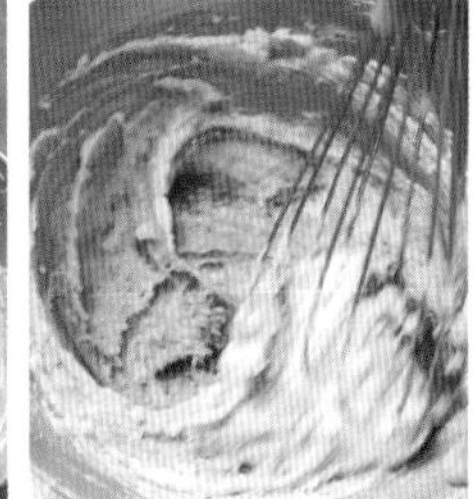

Crème au beurre au fromage

奶油乳酪夹心馅

Recette

材料

· 无盐奶油 60 克
· 杏仁膏 60 克
· 奶油乳酪 50 克

做法

从冰箱中取出基础奶油夹心馅，升至常温后，加入奶油乳酪混合拌匀即可。

Crème au beurre "ume"

酒渍青梅奶油夹心馅

Recette

材料

· 无盐奶油 60 克
· 杏仁膏 60 克
· 酒梅（用清酒腌渍的青梅） 1 颗

做法

将酒梅切成细末，加入基础奶油夹心馅中拌匀即可。

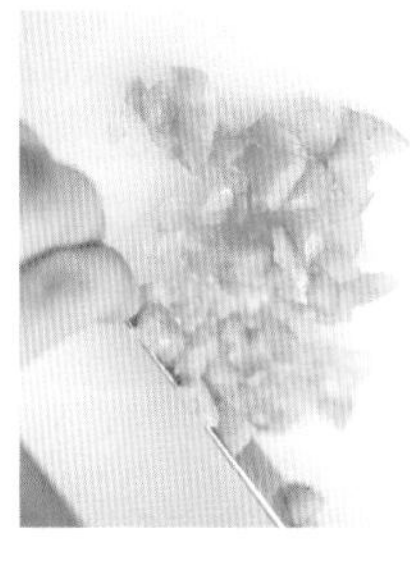

Ganache
巧克力夹心馅

当马卡龙遇到巧克力夹心馅，滋味非常美妙。善用牛奶巧克力和苦甜巧克力的特殊风味，可令马卡龙的滋味变化更丰富，非常令人期待。为了做出好吃的夹心馅，请使用烘焙专用的纯巧克力。

Ganache
甜巧克力夹心馅

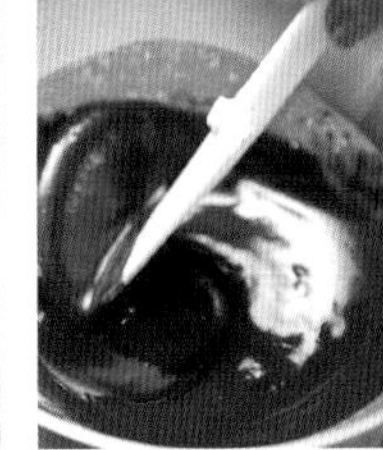

Recette

材料

· 甜巧克力	90 克
· 鲜奶油	100 毫升
· 麦芽糖	10 克

做法

1. 将甜巧克力砖切碎，放在钢盆里（本书以纽扣状的巧克力做示范）。
2. 将鲜奶油和麦芽糖放入小锅中，用中火煮至沸腾。
3. 将沸腾的鲜奶油麦芽糖倒入碎巧克力中混合均匀。
4. 混合均匀后表面会出现光泽，甜巧克力夹心馅就完成了。
5. 将甜巧克力夹心馅放在常温下约半天，以降低温度。

Ganache au lait
牛奶巧克力夹心馅

Recette

材料

· 牛奶巧克力	90 克
· 鲜奶油	90 毫升
· 麦芽糖	10 克

做法

只要用牛奶巧克力代替甜巧克力，按照甜巧克力夹心馅的制作步骤操作，香甜的牛奶巧克力夹心馅就完成了。

Ganache à la menthe
新鲜薄荷巧克力夹心馅

Recette

材料

· 甜巧克力	90 克
· 鲜奶油	100 毫升
· 麦芽糖	10 克
· 新鲜薄荷叶	10 片

做法

按照甜巧克力夹心馅的做法操作，在步骤 4 时加入切碎的新鲜薄荷叶混合均匀，完成的夹心馅充满柔和的薄荷香味。

Ganache au thé au lait
皇家奶茶巧克力夹心馅

Recette

材料

· 甜巧克力	90 克
· 鲜奶油	100 毫升
· 麦芽糖	10 克
· 红茶叶（伯爵茶）	5 克

做法

在小锅里放入鲜奶油、麦芽糖和红茶叶，用中火煮沸后熄火，等鲜奶油吸收了红茶的香气之后，过滤并倒入切碎的甜巧克力中混合。之后的步骤与甜巧克力夹心馅相同。

为马卡龙加入夹心馅的重点

用夹心馅将马卡龙黏合起来吧

依序完成了马卡龙小圆饼、奶油夹心馅和巧克力夹心馅之后，终于要黏合马卡龙了！美味的马卡龙即将完成！

Crème au beurre 用奶油夹心馅黏合

1. 从烤盘纸上取下马卡龙小圆饼，将平坦的一面朝上摆好。
2. 将大小相同的小圆饼两个为一组，组合在一起。
3. 将圆形花嘴装入挤花袋中，再装入奶油夹心馅，接着在小圆饼的平坦面上挤满夹心馅。如果夹心馅冷却后变硬了，可以等夹心馅升至常温，恢复柔滑的程度后，再开始挤馅。
4. 挤好后，盖上另一片小圆饼，马卡龙就完成了。

Ganache 用巧克力夹心馅黏合

和奶油夹心馅一样，将巧克力夹心馅装入挤花袋里，再挤出即可。

※ 若使用巧克力夹心馅，建议放在室温中一天，黏合效果较佳。

※ 刚做好的巧克力夹心馅因为质地非常柔软，不容易挤得漂亮。

随心所欲享受马卡龙搭配夹心馅的变化

马卡龙与夹心馅可以自由组合搭配，不妨尝试变换组合方式，找出专属于自己的创意马卡龙吧！例如，将奶油夹心馅与不同的甜酱夹成两层或混合为一层，都很可口；也可以将不同口味的马卡龙小圆饼组合在一起，看起来非常可爱。不过，如果马卡龙是用奶油或巧克力夹心馅黏合的，请务必冷藏保存，5 天内品尝风味最佳。

制作马卡龙的重点和诀窍

制作马卡龙的过程，浓缩了烘焙甜点的多种基本技法，包括打发蛋白、搅拌、挤花和烘焙。如果认真操作每个步骤，一定能烤出美味的马卡龙。在这里，要再次强调成功制作马卡龙的重要秘诀。请仔细阅读，一起做出好吃的马卡龙吧！

Point 1

蛋白霜与打发蛋白

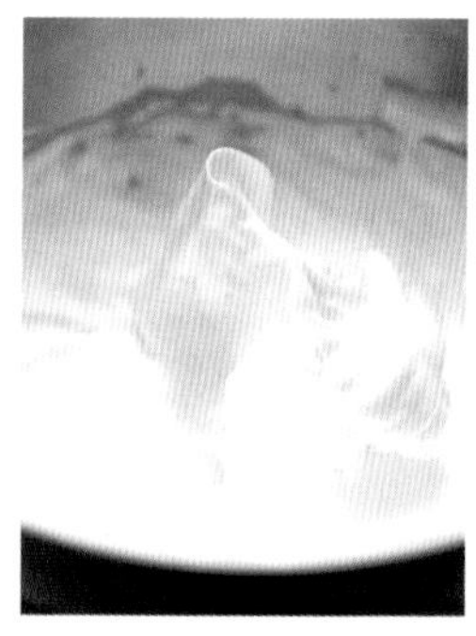

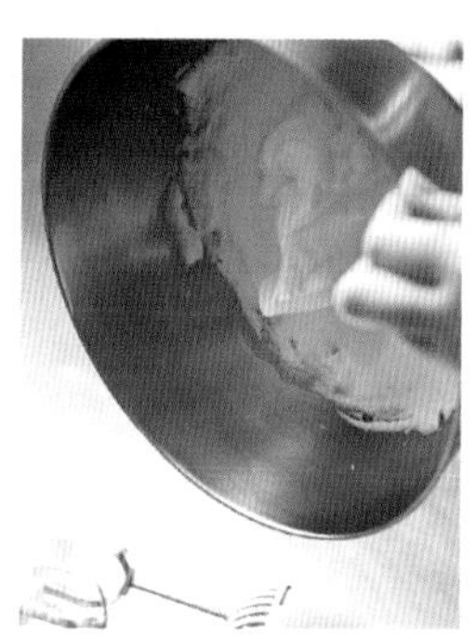

蛋白霜打发至扎实坚挺的干性发泡是重点。

制作马卡龙时，蛋白霜的坚挺程度非常重要。无论是法式蛋白霜还是意式蛋白霜，都要打发至扎实坚硬的状态。所以，未达到拿起搅拌器时会出现硬挺尖角的程度前，请不要停止搅打。打发蛋白霜时，必须搅拌至即使钢盆倒扣，蛋白霜也不会滴落的坚挺程度。

Point 2

“macaronnage”与搅拌

经过“macaronnage”步骤的面糊，表面光滑细致。

当面糊用刮具舀起可呈缎带状流下时，就可以了！

“macaronnage”步骤是指将打好的蛋白霜与粉料混合后，边用橡皮刮刀压散，边推压搅拌至软硬适中的程度。这个步骤是成功制作马卡龙的关键。通过“macaronnage”步骤，可让面糊出现光滑细致的纹理。

Meringue Française

法式蛋白霜

用橡皮刮刀慢慢沿着钢盆底部施力推压，重复约三次后，面糊就会由钢盆内壁向中间集中。重复动作三四次，直至面糊变得光滑细致。

Meringue Italienne

意式蛋白霜

刮板沿着钢盆底部施力推压，再从底部向上方慢慢移动。重复约三次，面糊就会由钢盆内壁向中间集中。重复动作直至面糊变得光滑细致，舀起后可徐徐向下流淌的程度。

Point 3
挤花袋的拿法与挤法

诀窍是面糊不要留下明显的尖角，不要移动挤花袋，集中于一点挤出。

马卡龙烤好后，要以两片为一组并用夹心馅黏合，所以能否挤出大小一致的面糊非常重要。将面糊装入挤花袋后，用左手从花嘴后方托住。挤压时，花嘴在烤盘上方约 2 厘米的位置保持不动，左手托住挤花袋，右手从上方轻轻施压挤出面糊。不要摇晃或移动，只用右手施力，集中在一点上挤出圆饼状面糊。最后，花嘴贴着面糊轻轻转动，尽量避免留下尖角。

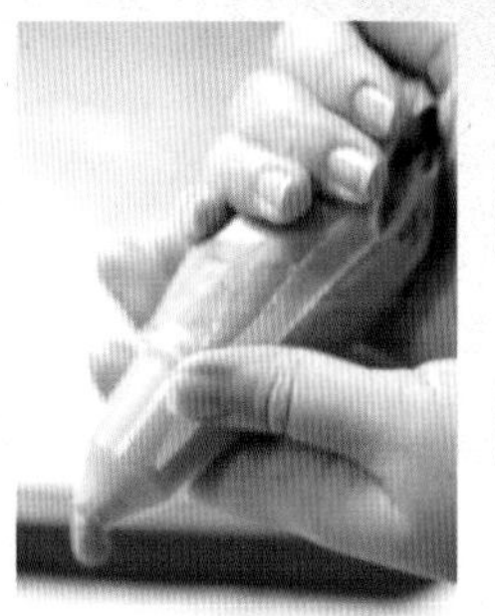

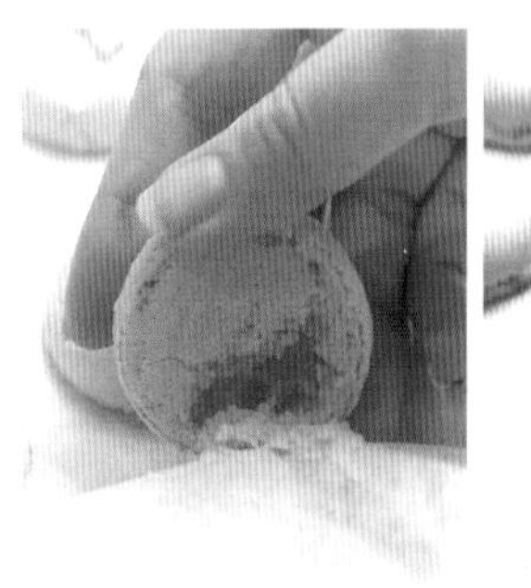

烘烤不充分的马卡龙

烘烤充分的马卡龙

Point 4
烤箱与烘焙方法

一定要确认面糊的烘烤情况，依烤箱的特性随时微调也是重点。

面糊从放进烤箱到溢出“蕾丝裙边”，烤箱的温度需保持 130℃。时间一到，从烤箱中取出马卡龙圆饼之前，还要确认烘烤程度。用手指捏住圆饼摇摇看，若不会变形就表示烤好了。如果觉得还是软软的，就多烤 2 ~ 3 分钟。之后再测试一次，务必确认已经完全烤熟。

请根据不同的烤箱调整烘烤时间。例如，如果是导热速度较快的小烤箱，就要降低 10℃。依烤箱的特性调整温度，也是烘烤成功的重要因素。

Point 5
烘烤失败的解决之道

出现空洞、膨胀过度……马卡龙烤坏时，将两个烤盘叠放在一起就能解决。

如果是因为放在烤箱上段烘烤的缘故，请改为放在中段或下段。如果面糊中间出现了空洞或发生膨胀过度的情况，将两个烤盘叠放在一起，隔绝下火，就不会出现空洞了。如果没有多余的烤盘，将几张烤盘纸垫在一起代替烤盘也可以。

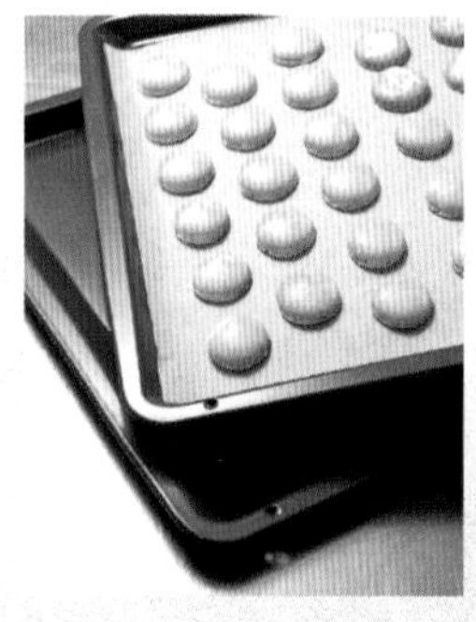

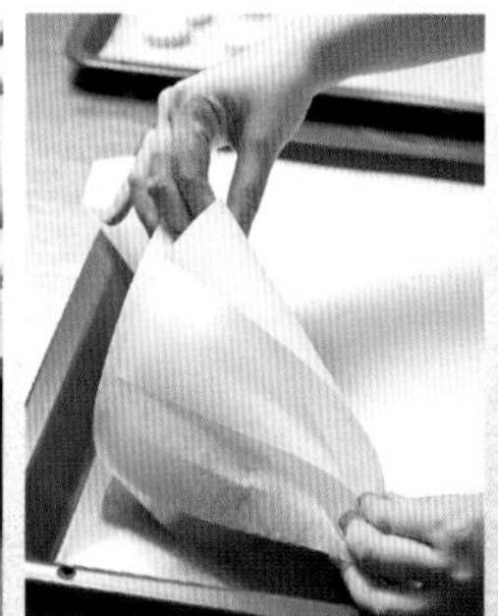

Chronique 专栏

时髦的甜点代表——巴黎马卡龙与日本马卡龙

现在，以马卡龙为首的甜点题材变成了时尚主题的一部分，甚至成为时髦的象征。例如，钥匙扣、包包和吊饰等造型的马卡龙，可模仿的各式各样的可爱商品在街头几乎随处可见。

造型浑圆且色彩缤纷的马卡龙，是来自巴黎的甜点，而它真正的发源地则是意大利。据说，当年意大利贵族千金卡朵丽儿（Catherine de Medici）嫁给法国国王亨利二世时，将马卡龙带到了法国。当时的马卡龙形状像一片饼干，现代这种夹入馅料的造型，应该是经过巴黎甜点师傅的创意制作，逐渐变化而来的。

一直深受巴黎人喜爱的传统甜点马卡龙，最近几年引起了全世界热烈的回响，还增添了许多缤纷的色彩与风味独特的种类，甚至在习惯保持传统的巴黎也是如此。

除了最具代表性的巧克力、玫瑰、开心果和焦糖等口味之外，还有葡萄柚、芥末、辣椒及蓝莓起司等，各种令人惊奇的创新口味，都一一幻化成时尚巴黎的现代风情。

除此之外，许多巴黎的甜点专卖店还会在橱窗里用时髦且多样的造型来展示马卡龙，如可爱的马卡龙塔等，让整座城市宛如施了魔法的马卡龙仙境！

与此同时，马卡龙的造型也在一直发生变化，除了单纯添加坚果或各式香料之外，闪闪发光的珍珠马卡龙也已面世，这款传统甜点因此变得更加迷人。

在巴黎广受欢迎的马卡龙来到了日本，当然也造成了极大的轰动。令人乐在其中的马卡龙世界，正逐渐在巴黎和日本扩大，甚至到处都弥漫着甜美的幸福滋味。

Mes Nouveaux Macarons
创意马卡龙

接下来要进入创意马卡龙部分。
本单元包括各季马卡龙和我的私藏马卡龙配方。
通过尝试制作各种马卡龙，发现你最喜欢的口味吧！

Macaron de Printemps

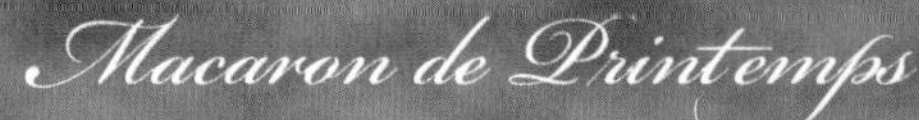

春之马卡龙

用花朵或水果制作的马卡龙，最适合在春天品尝。
添加了樱花和玫瑰等食用花粉的马卡龙，散发着迷人的香气，
让人确实感受到了春天的来临。

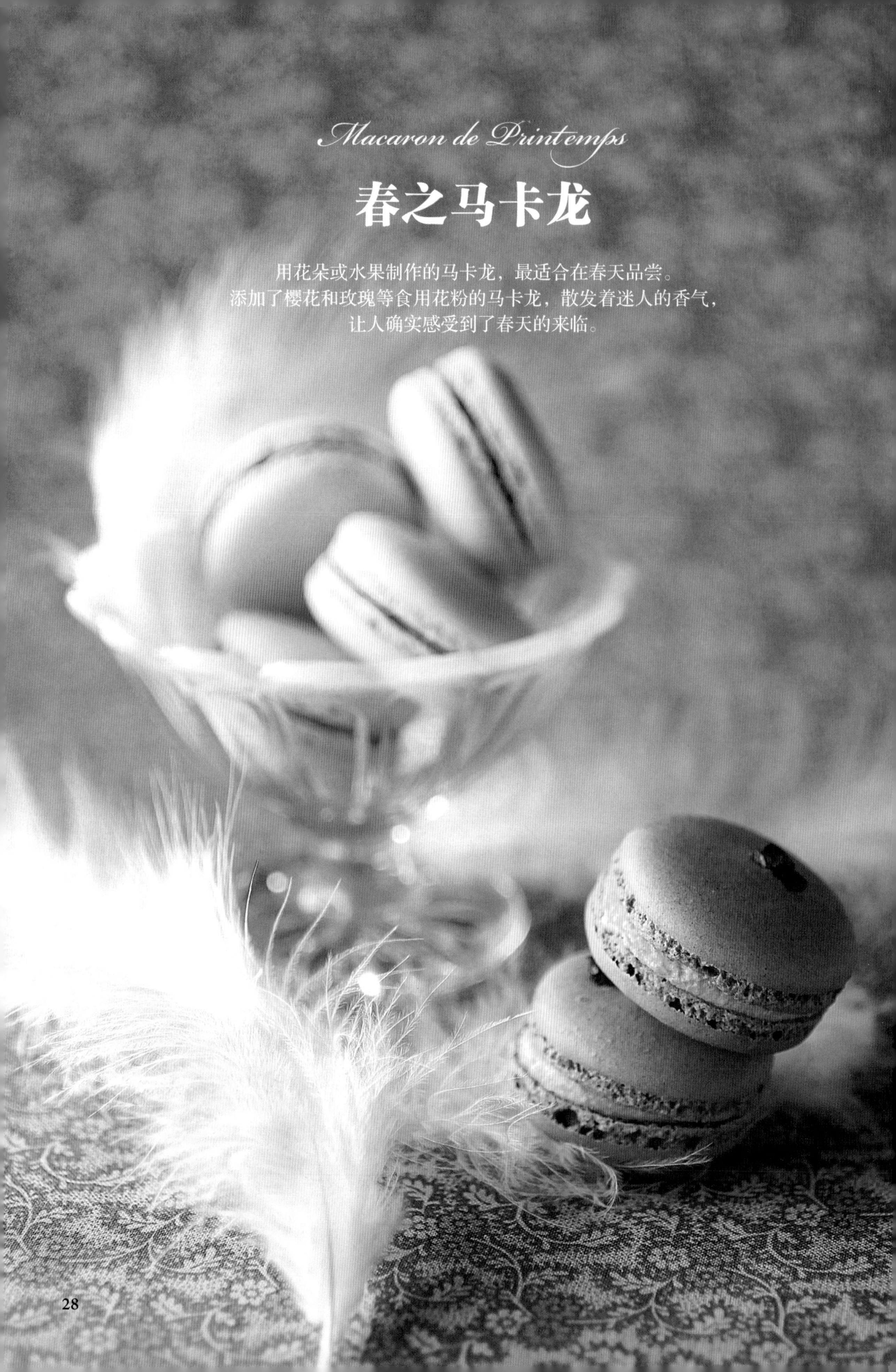

Macaron abricot – chocolat

杏仁巧克力马卡龙

这款作品的灵感来自我在巴黎吃过的杏仁，美味得令人难忘。它融合了水果的酸甜与巧克力的微苦，属于成熟的成人口味。

Française 法式蛋白霜

Recette

材料

· 蛋白	60 克	· 杏仁粉	50 克
· 蛋白粉	1 克	· 糖粉	90 克
· 细砂糖	25 克	· 可可粉	7 克

做法

利用上述材料，按照 P13 ~ 15 的做法制作法式蛋白霜马卡龙圆饼。可可粉、杏仁粉和糖粉需混合后过筛，再加入打发的蛋白中。

Italienne 意式蛋白霜

Recette

材料

· 意式蛋白霜	90 克	· 可可粉	7 克
· 杏仁粉	65 克	· 蛋白	25 克
· 糖粉	65 克		

做法

利用上述材料，按照 P17 ~ 19 的做法制作意式蛋白霜马卡龙圆饼。可可粉、杏仁粉和糖粉需分别过筛后混合，再依序拌入蛋白及意式蛋白霜。

杏仁奶油夹心馅

先制作基础奶油夹心馅（材料与做法参见 P20），再加入 50 克杏仁酱搅拌均匀即可。

Macaron au sakura

樱花马卡龙

忽然想挑战带有春天气息的马卡龙，于是在面糊中加入樱花食用花粉，就这样做出散发着春日幽香的樱花马卡龙。

Française 法式蛋白霜

Recette

材料

· 蛋白	60 克	· 杏仁粉	50 克
· 蛋白粉	1 克	· 糖粉	90 克
· 细砂糖	25 克	· 樱花食用花粉	5 克
· 粉红色色素	适量		

做法

利用上述材料，按照 P13 ~ 15 的做法制作法式蛋白霜马卡龙圆饼。樱花食用花粉、杏仁粉和糖粉需混合后过筛，再加入打发的蛋白中。

Italienne 意式蛋白霜

Recette

材料

· 意式蛋白霜	90 克	· 樱花食用花粉	5 克
· 杏仁粉	65 克	· 蛋白	25 克
· 糖粉	65 克	· 粉红色色素	适量

做法

利用上述材料，按照 P17 ~ 19 的做法制作意式蛋白霜马卡龙圆饼。樱花食用花粉、杏仁粉和糖粉需分别过筛后混合，再依序拌入蛋白及意式蛋白霜。粉红色色素请在步骤 2 与蛋白一起加入。

樱桃巧克力夹心馅

先制作甜巧克力夹心馅（材料与做法参见 P22），再加入 10 毫升樱桃酒搅拌均匀即可。

Macaron à la rose

玫瑰马卡龙

充满玫瑰花香的粉红色马卡龙，一直是我的最爱。咬一口，浓郁的香气就在口中散开，属于风味高雅的甜点。

Française 法式蛋白霜

Recette

材料

· 蛋白	60 克	· 杏仁粉	50 克
· 蛋白粉	1 克	· 糖粉	90 克
· 细砂糖	25 克	· 玫瑰花粉	
· 粉红色色素	适量	（或干燥玫瑰 ※）	5 克

※ 如使用干燥玫瑰，请先用滤网或网眼较小的茶滤过筛成粉末状。

做法

利用上述材料，按照 P13 ~ 15 的做法制作法式蛋白霜马卡龙圆饼。玫瑰花粉、杏仁粉和糖粉需混合后过筛，再拌入打发的蛋白中。

Italienne 意式蛋白霜

Recette

材料

· 意式蛋白霜	90 克	· 玫瑰花粉	
· 杏仁粉	65 克	（或干燥玫瑰 ※）	3 克
· 糖粉	65 克	· 粉红色色素	适量
· 蛋白	25 克		

做法

利用上述材料，按照 P17 ~ 19 的做法制作意式蛋白霜马卡龙圆饼。玫瑰花粉、杏仁粉和糖粉需分别过筛后混合，再依序拌入蛋白及意式蛋白霜。粉红色色素请在步骤 2 与蛋白一起加入。

Crème 奶油馅 玫瑰奶油夹心馅

先制作基础奶油夹心馅（材料与做法参见 P20），再加入 20 克玫瑰香精拌匀即可。

Macaron myrtille fromage

蓝莓起司蛋糕马卡龙

“将最爱的起司蛋糕做成马卡龙？好想尝尝啊！”因为有这样的想法，而设计出这款马卡龙。蓝莓的酸味与奶油夹心馅的香甜形成对比，口感就像吃起司蛋糕一样！

Française 法式蛋白霜

Recette

材料

· 蛋白	60 克	· 杏仁粉	50 克
· 蛋白粉	1 克	· 糖粉	90 克
· 细砂糖	25 克	· 蓝莓果干粉	3 克

做法

利用上述材料，按照 P13 ~ 15 的做法制作法式蛋白霜马卡龙圆饼。蓝莓果干粉、杏仁粉和糖粉需混合后过筛，再拌入打发的蛋白中。

Italienne 意式蛋白霜

Recette

材料

· 意式蛋白霜	90 克	· 蓝莓果干粉	3 克
· 杏仁粉	65 克	· 蛋白	25 克
· 糖粉	65 克		

做法

利用上述材料，按照 P17 ~ 19 的做法制作意式蛋白霜马卡龙圆饼。蓝莓果干粉、杏仁粉和糖粉需分别过筛后混合，再依序拌入蛋白及意式蛋白霜。

蓝莓果酱和奶油乳酪夹心馅

先制作奶油乳酪夹心馅（材料和做法参见 P21），在黏合马卡龙圆饼时，再涂上少许蓝莓果酱。

Macaron d'Été

夏之马卡龙

带有清爽水果酸甜口味的马卡龙，最符合夏季的氛围。
番茄口味的蔬菜马卡龙与柑橘口味的马卡龙，当然也不能缺席，
还有加入梅酒和香槟的酒香马卡龙，都是我最爱的滋味。

Macaron orange – menthe

柑橘薄荷马卡龙

柑橘清新风味的马卡龙小圆饼，搭配薄荷口味的奶油夹心馅，带有新鲜薄荷香气的夏之马卡龙，会给人以明朗的清爽感。

Française 法式蛋白霜

Recette

材料

· 蛋白	60 克	· 杏仁粉	50 克
· 蛋白粉	1 克	· 糖粉	90 克
· 细砂糖	25 克	· 橘子果干粉	5 克
· 橘色色素	适量		

做法

利用上述材料，按照 P13 ~ 15 的做法制作法式蛋白霜马卡龙圆饼。橘子果干粉、杏仁粉和糖粉需混合后过筛，再拌入打发的蛋白中。

Italienne 意式蛋白霜

Recette

材料

· 意式蛋白霜	90 克	· 橘子果干粉	3 克
· 杏仁粉	65 克	· 蛋白	25 克
· 糖粉	65 克	· 橘色色素	适量

做法

利用上述材料，按照 P17 ~ 19 的做法制作意式蛋白霜马卡龙圆饼。橘子果干粉、杏仁粉和糖粉需分别过筛后混合，再依序拌入蛋白及意式蛋白霜。橘色色素请在步骤 2 时与蛋白一起加入。

Crème 奶油馅

薄荷奶油夹心馅

先制作基础奶油夹心馅（材料与做法参见 P20），再将 10 片新鲜薄荷叶切碎，加入基础奶油夹心馅中搅拌均匀即可。

Macaron umeshu

梅酒马卡龙

每年一到夏季，我就会用青梅来酿制梅酒或调制梅子沙瓦 ※。将浸渍过梅酒的青梅切碎，放入奶油夹心馅中，芳醇的香气就像在啜饮梅酒。

※ 在日本，沙瓦是指将蒸馏酒与果汁混合，再用苏打水稀释而成的鸡尾酒。

Française 法式蛋白霜

Recette

材料

· 蛋白	60 克	· 杏仁粉	50 克
· 蛋白粉	1 克	· 糖粉	90 克
· 细砂糖	25 克	· 梅子果干粉	3 克
· 绿色色素	适量		

做法

利用上述材料，按照 P13 ~ 15 的做法完成法式蛋白霜马卡龙圆饼。梅子果干粉、杏仁粉和糖粉需混合后过筛，再拌入打发的蛋白中。

Italienne 意式蛋白霜

Recette

材料

· 意式蛋白霜	90 克	· 梅子果干粉	3 克
· 杏仁粉	65 克	· 蛋白	25 克
· 糖粉	65 克	· 绿色色素	适量

做法

利用上述材料，按照 P17 ~ 19 的做法制作意式蛋白霜马卡龙圆饼。梅子果干粉、杏仁粉和糖粉需分别过筛后混合，再依序拌入蛋白及意式蛋白霜。绿色色素请在步骤 2 时与蛋白一起加入。

酒渍青梅奶油夹心馅

参见 P21 的配方与制作方法完成酒渍青梅奶油夹心馅。

Macaron tomate – basilic
番茄罗勒马卡龙

鲜红的番茄给我的印象，犹如意大利的太阳。以番茄和罗勒为基底，搭配风味浓郁的巧克力夹心馅，实在是天作之合。

Française 法式蛋白霜

Recette

材料

· 蛋白	60 克	· 杏仁粉	50 克
· 蛋白粉	1 克	· 糖粉	90 克
· 细砂糖	25 克	· 番茄果干粉	5 克

做法

利用上述材料，按照 P13 ~ 15 的做法制作法式蛋白霜马卡龙圆饼。番茄果干粉、杏仁粉和糖粉需混合后过筛，再拌入打发的蛋白中。

Italienne 意式蛋白霜

Recette

材料

· 意式蛋白霜	90 克	· 番茄果干粉	5 克
· 杏仁粉	65 克	· 蛋白	25 克
· 糖粉	65 克		

做法

利用上述材料，按照 P17 ~ 19 的做法制作意式蛋白霜马卡龙圆饼。番茄果干粉、杏仁粉和糖粉需分别过筛后混合，再依序拌入蛋白及意式蛋白霜。

Ganache 巧克力馅

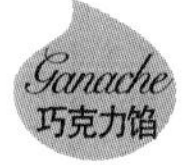

罗勒巧克力夹心馅

先制作甜巧克力夹心馅（材料与做法参见 P22），再将 5 片新鲜罗勒叶切碎，加入甜巧克力夹心馅中搅拌均匀即可。

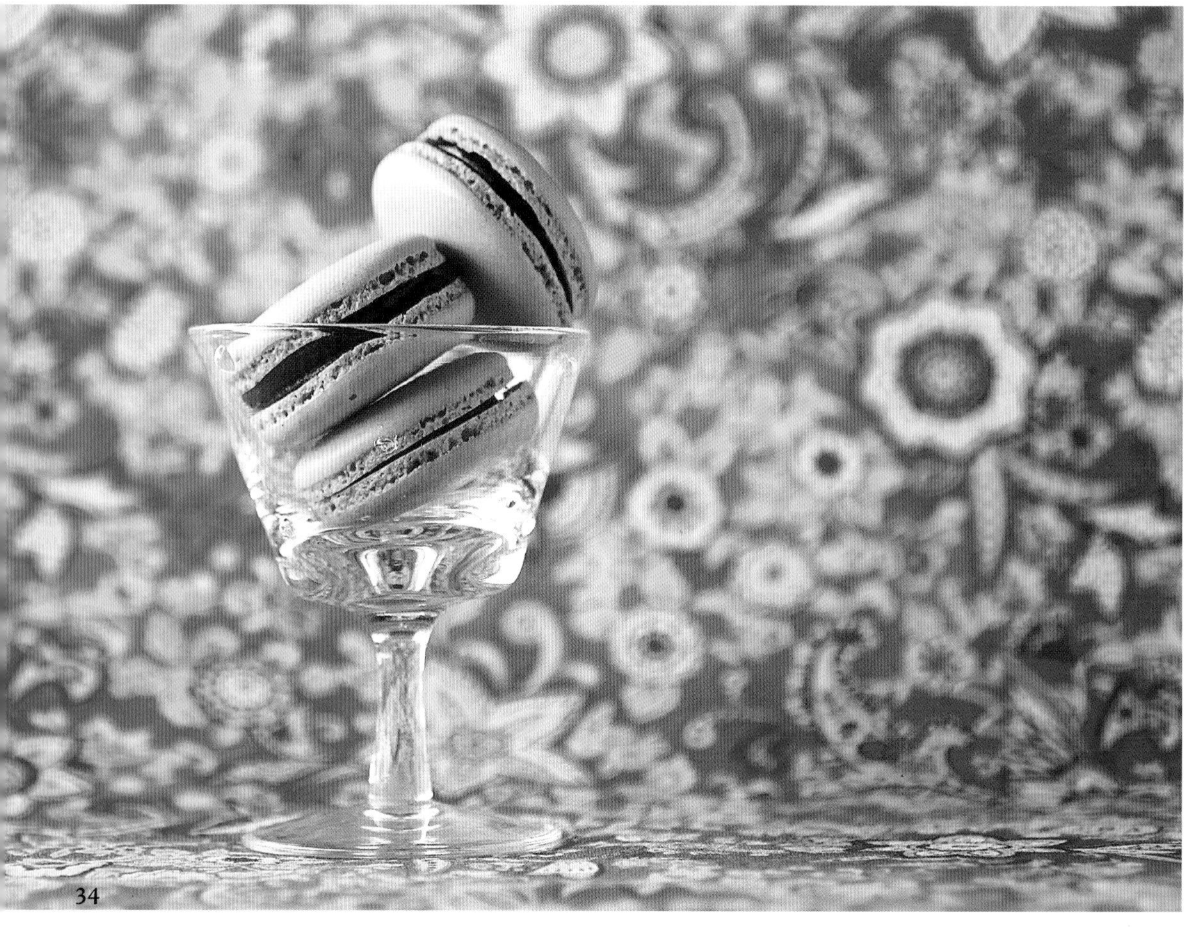

Macaron champagne - melon

香槟哈密瓜马卡龙

偶然间一时兴起，想制作一款名媛风格的华丽马卡龙，所以尝试着加入香槟调味，与哈密瓜口味的奶油夹心馅搭配味道绝佳，是充满夏日感的新品马卡龙。

Française 法式蛋白霜

Recette

材料

· 蛋白	60 克	· 杏仁粉	50 克
· 蛋白粉	1 克	· 糖粉	90 克
· 细砂糖	25 克	· 哈密瓜果干粉	5 克
· 绿色色素	适量		

做法

利用上述材料，按照 P13 ~ 15 的做法制作法式蛋白霜马卡龙圆饼。哈密瓜果干粉、杏仁粉和糖粉需混合后过筛，再拌入打发的蛋白中。

Italienne 意式蛋白霜

Recette

材料

· 意式蛋白霜	90 克	· 哈密瓜果干粉	5 克
· 杏仁粉	65 克	· 蛋白	25 克
· 糖粉	65 克	· 绿色色素	适量

做法

利用上述材料，按照 P17 ~ 19 的做法制作意式蛋白霜马卡龙圆饼。哈密瓜果干粉、杏仁粉和糖粉需分别过筛后混合，再依序拌入蛋白及意式蛋白霜。绿色色素请在步骤 2 时与蛋白一起加入。

· 香槟奶油夹心馅

先制作基础奶油夹心馅（材料与做法参见 P20），再加入 30 克香槟香精混合均匀。

· 哈密瓜奶油夹心馅

先制作基础奶油夹心馅（材料与做法参见 P20），再加入 20 克哈密瓜香精混合均匀。

将这两种夹心馅重叠在一起。

Macaron d' Automne

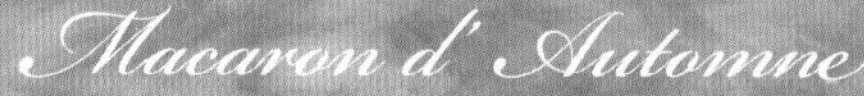

秋之马卡龙

南瓜、红薯、栗子、苹果……一到秋天，
用于制作甜点的各种美味食材也变得丰富起来。
请将这些绝妙风味都浓缩进秋天的马卡龙里吧！

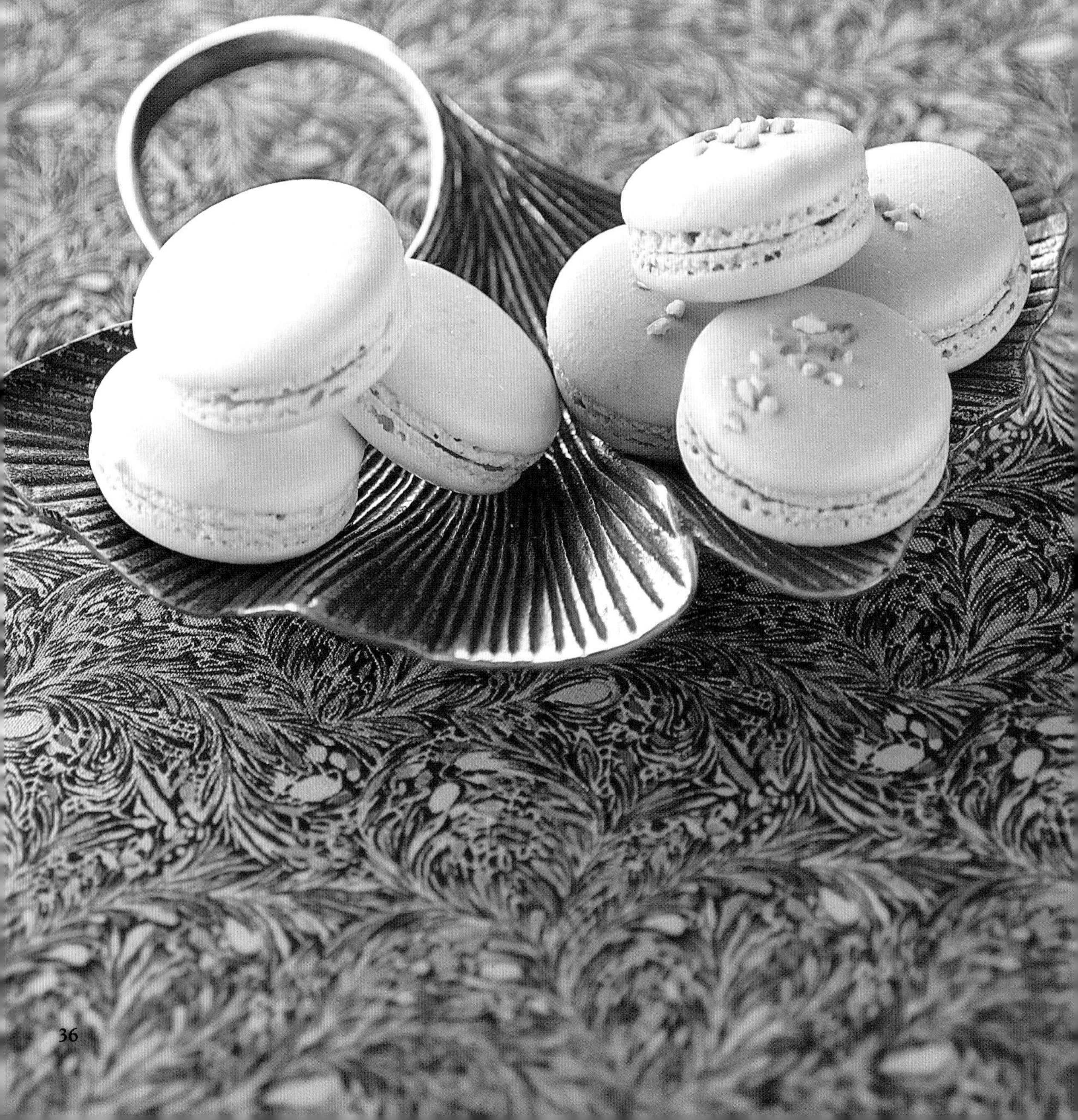

Macaron tatin

焦糖苹果马卡龙

这款马卡龙的灵感源自法国苹果产地诺曼底的苹果派与焦糖苹果挞。苹果用焦糖煎煮后，兼具苹果的香气与焦糖的甘甜。在我的甜点店里，它是非常受欢迎的一款秋季马卡龙。

Française 法式蛋白霜

Recette

材料

· 蛋白	60 克	· 糖粉	90 克
· 蛋白粉	1 克	· 焦糖粉	3 克
· 细砂糖	25 克	· 开心果（装饰用）	适量
· 杏仁粉	50 克		

做法

利用上述材料，按照 P13 ~ 15 的做法制作法式蛋白霜马卡龙圆饼。焦糖粉、杏仁粉和糖粉需混合后过筛，再拌入打发的蛋白中。面糊挤好后静置干燥时，可在表面撒上切碎的开心果作为装饰。

Italienne 意式蛋白霜

Recette

材料

· 意式蛋白霜	90 克	· 焦糖粉	3 克
· 杏仁粉	65 克	· 蛋白	25 克
· 糖粉	65 克	· 开心果（装饰用）	适量

做法

利用上述材料，按照 P17 ~ 19 的做法制作意式蛋白霜马卡龙圆饼。焦糖粉、杏仁粉和糖粉需分别过筛后混合，再依序拌入蛋白及意式蛋白霜。挤好的面糊在干燥之前，需在表面撒上切碎的开心果作为装饰。

Crème 奶油馅

焦糖苹果奶油夹心馅

先制作基础奶油夹心馅（材料和做法参见 P20），再加入 50 克切碎的焦糖苹果，搅拌均匀即可。

（焦糖苹果的做法：取 1/4 个苹果，均匀地切成银杏叶状的薄片，再加入 30 克奶油和 50 克砂糖，煎煮至呈焦糖状。）

Macarons au potiron

南瓜马卡龙

一提到秋天的蔬菜，我第一个想到的就是南瓜。通过南瓜派产生灵感而设计完成的马卡龙，口感绵密柔滑，人见人爱！

Française 法式蛋白霜

Recette

材料

· 蛋白	60 克	· 杏仁粉	50 克
· 蛋白粉	1 克	· 糖粉	90 克
· 细砂糖	25 克	· 南瓜粉	3 克

做法

利用上述材料，按照 P13 ~ 15 的做法制作法式蛋白霜马卡龙圆饼。南瓜粉、杏仁粉和糖粉需混合后过筛，再拌入打发的蛋白中。

Italienne 意式蛋白霜

Recette

材料

· 意式蛋白霜	90 克	· 南瓜粉	5 克
· 杏仁粉	65 克	· 蛋白	25 克
· 糖粉	65 克		

做法

利用上述材料，按照 P17 ~ 19 的做法制作意式蛋白霜马卡龙圆饼。南瓜粉、杏仁粉和糖粉需分别过筛后混合，再依序拌入蛋白及意式蛋白霜。

南瓜奶油夹心馅

先制作基础奶油夹心馅（材料和做法参见 P20），将适量南瓜蒸熟后捣成泥，取 30 克南瓜泥和 10 克蜂蜜拌入基础奶油夹心馅里即可；也可以在基础奶油夹心馅中加入 30 克南瓜香精搅拌均匀。

Macaron mont-blanc 蒙布朗马卡龙

说到秋天的甜点，让人印象最深刻的一定是蒙布朗。在马卡龙圆饼面糊里添加了意大利产的栗子粉，搭配栗子奶油夹心馅，真是奢侈的享受。

Française 法式蛋白霜

Recette

材料

· 蛋白	60 克	· 糖粉	90 克
· 蛋白粉	1 克	· 栗子粉	5 克
· 细砂糖	25 克	· 可可粉（装饰用）	适量
· 杏仁粉	50 克		

做法

利用上述材料，按照 P13 ~ 15 的做法制作法式蛋白霜马卡龙圆饼。栗子粉、杏仁粉和糖粉需混合后过筛，再拌入打发的蛋白中。烘烤前，在面糊表面撒上可可粉作为装饰。

Italienne 意式蛋白霜

Recette

材料

· 意式蛋白霜	90 克	· 栗子粉	5 克
· 杏仁粉	65 克	· 蛋白	25 克
· 糖粉	65 克	· 可可粉（装饰用）	适量

做法

利用上述材料，按照 P17 ~ 19 的做法制作意式蛋白霜马卡龙圆饼。栗子粉、杏仁粉和糖粉需分别过筛后混合，再依序拌入蛋白及意式蛋白霜。烘烤前，在面糊表面撒上可可粉作为装饰。

栗子奶油夹心馅

先制作基础奶油夹心馅（材料和做法参见 P20），再加入 30 克栗子香精，搅拌均匀即可。

Macaron à la patate douce

烤红薯马卡龙

用紫薯粉烘烤的马卡龙小圆饼，夹入甜甜的红薯奶油馅，尝起来，味道就像烤红薯一样香甜。

Française 法式蛋白霜

Recette

材料

· 蛋白	60 克	· 糖粉	90 克
· 蛋白粉	1 克	· 紫薯粉	5 克
· 细砂糖	25 克	· 黑芝麻（装饰用）	适量
· 杏仁粉	50 克		

做法

利用上述材料，按照 P13 ~ 15 的做法制作法式蛋白霜马卡龙圆饼。紫薯粉、杏仁粉和糖粉需混合后过筛，再拌入打发的蛋白中。挤好的面糊在干燥前，表面撒上一两粒黑芝麻作为装饰。

Italienne 意式蛋白霜

Recette

材料

· 意式蛋白霜	90 克	· 紫薯粉	5 克
· 杏仁粉	65 克	· 蛋白	25 克
· 糖粉	65 克	· 黑芝麻（装饰用）	适量

做法

利用上述材料，按照 P17 ~ 19 的做法制作意式蛋白霜马卡龙圆饼。紫薯粉、杏仁粉和糖粉需过筛后混合，再依序拌入蛋白及意式蛋白霜。挤好的面糊在干燥前，表面撒上一两粒黑芝麻作为装饰。

红薯奶油夹心馅

先制作基础奶油夹心馅（材料和做法参见 P20），将红薯蒸熟后捣成泥，取 30 克红薯泥和 10 克蜂蜜拌入基础奶油夹心馅里即可；也可以在基础奶油夹心馅中加入 30 克红薯香精搅拌均匀。

Macaron d' Hiver

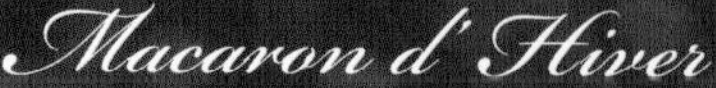

冬之马卡龙

在小圆饼面糊里，加入微辣的日式七味粉或浓郁的红茶，
就变成适合在冷天食用的冬季马卡龙。只要吃一口，身体就变得温暖了。
充满个性的独特风味，非常适合冬季享用。

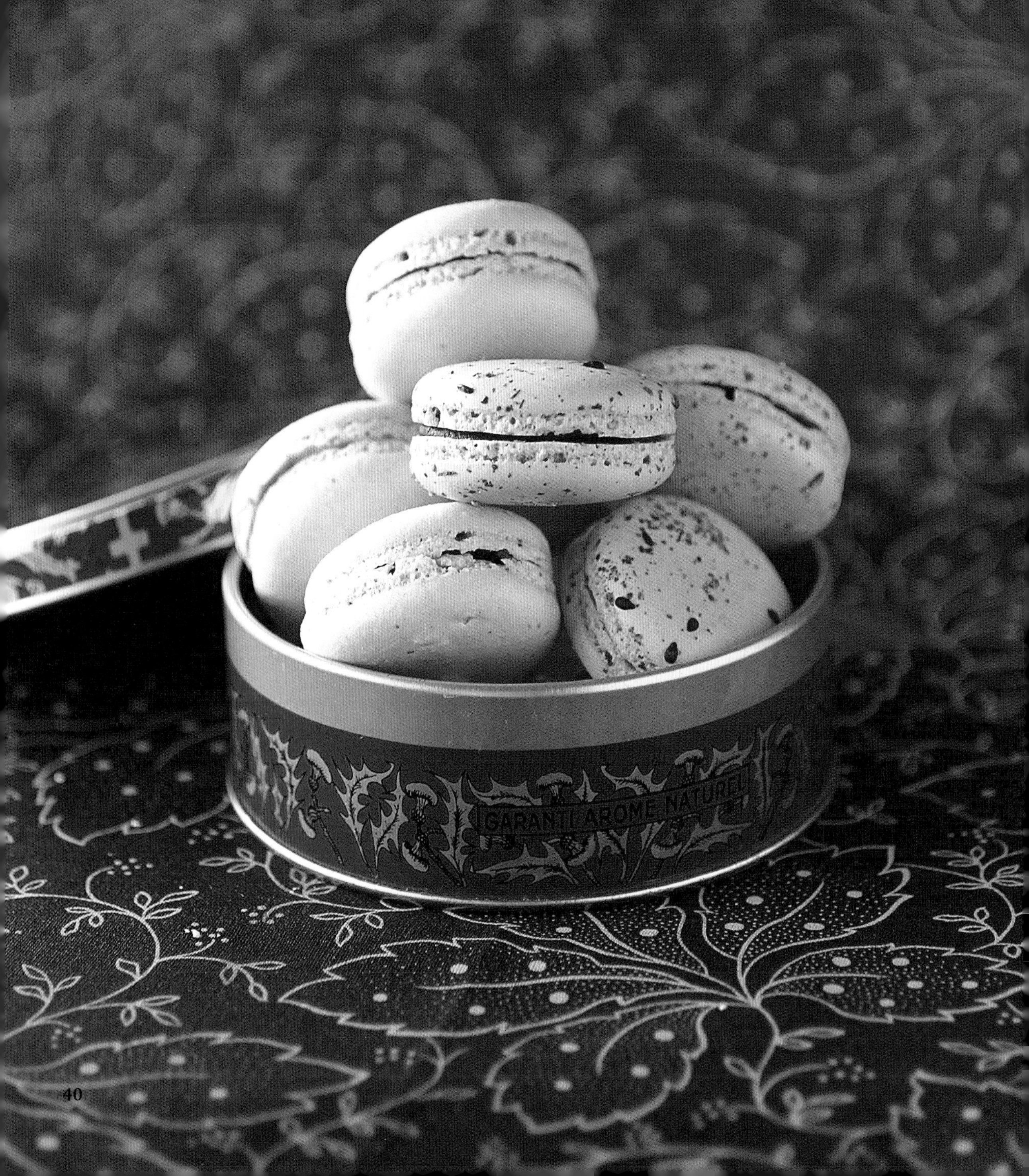

Macaron thé au lait

皇家奶茶马卡龙

用香味浓郁的伯爵红茶为主调，搭配奶茶口味的巧克力夹心馅。咬一口马卡龙，红茶的香气瞬间充满口腔，如此独特的美味，一定要品尝一下。

Française 法式蛋白霜

Recette

材料

- 蛋白 60克
- 蛋白粉 1克
- 细砂糖 25克
- 杏仁粉 50克
- 糖粉 90克
- 伯爵红茶叶 2克

做法

利用上述材料，按照P13～15的做法制作法式蛋白霜马卡龙圆饼。切碎的伯爵红茶叶、杏仁粉和糖粉需混合后过筛，再拌入打发的蛋白中。

Italienne 意式蛋白霜

Recette

材料

- 意式蛋白霜 90克
- 杏仁粉 65克
- 糖粉 65克
- 蛋白 25克
- 伯爵红茶叶 2克

做法

利用上述材料，按照P17～19的做法制作意式蛋白霜马卡龙圆饼。切碎的伯爵红茶叶、杏仁粉和糖粉需分别过筛后混合，再依序拌入蛋白及意式蛋白霜。

皇家奶茶巧克力夹心馅

参见P22的配方与制作方法完成皇家奶茶巧克力夹心馅。

Macaron Shichimi

黑七味马卡龙

我很喜欢用山椒或胡椒等各式辛香料调味的马卡龙，尤其是添加了京都黑七味粉的马卡龙，后劲微辣，实在令人停不了口。

Française 法式蛋白霜

Recette

材料

- 蛋白 60克
- 蛋白粉 1克
- 细砂糖 25克
- 粉红色色素 适量
- 杏仁粉 50克
- 糖粉 90克
- 黑七味粉 1克
- 黑七味粉（装饰用） 适量

做法

利用上述材料，按照P13～15的做法制作法式蛋白霜马卡龙圆饼。黑七味粉、杏仁粉和糖粉需混合后过筛，再拌入打发的蛋白中。挤好的面糊在干燥前，表面撒上少许黑七味粉作为装饰。

Italienne 意式蛋白霜

Recette

材料

- 意式蛋白霜 90克
- 杏仁粉 65克
- 糖粉 65克
- 黑七味粉 1克
- 蛋白 25克
- 粉红色色素 适量
- 黑七味粉（装饰用） 适量

做法

利用上述材料，按照P17～19的做法制作意式蛋白霜马卡龙圆饼。黑七味粉、杏仁粉和糖粉需分别过筛后混合，再依序拌入蛋白与意式蛋白霜。粉红色色素请在步骤2时与蛋白一起加入。挤好的面糊在干燥前，表面撒上少许黑七味粉作为装饰。

黑七味巧克力夹心馅

先制作甜巧克力夹心馅（材料与做法参见P22），再加入1克黑七味粉，搅拌均匀即可。

Macaron yuzu

柚香马卡龙

因为想制作适合冬天吃的日式马卡龙，所以使用香气十足的柚子果干粉。虽然略带苦味，但清爽的柚子香仍是马卡龙中受人欢迎的口味。

Française 法式蛋白霜

Recette

材料

· 蛋白	60 克	· 杏仁粉	50 克
· 蛋白粉	1 克	· 糖粉	90 克
· 细砂糖	25 克	· 柚子果干粉	3 克
· 黄色色素	适量		

做法

利用上述材料，按照 P13 ~ 15 的做法制作法式蛋白霜马卡龙圆饼。柚子果干粉、杏仁粉和糖粉需混合后过筛，再拌入打发的蛋白中。

Italienne 意式蛋白霜

Recette

材料

· 意式蛋白霜	90 克	· 柚子果干粉	3 克
· 杏仁粉	65 克	· 蛋白	25 克
· 糖粉	65 克	· 黄色色素	适量

做法

利用上述材料，按照 P17 ~ 19 的做法制作意式蛋白霜马卡龙圆饼。柚子果干粉、杏仁粉和糖粉需分别过筛后混合，再依序拌入蛋白及意式蛋白霜。黄色色素请在步骤 2 时与蛋白一起加入。

柚子巧克力夹心馅

先制作甜巧克力夹心馅（材料和做法参见 P22），将柚子皮磨碎后，取 1/2 个柚子皮的分量与甜巧克力夹心馅搅拌均匀即可。

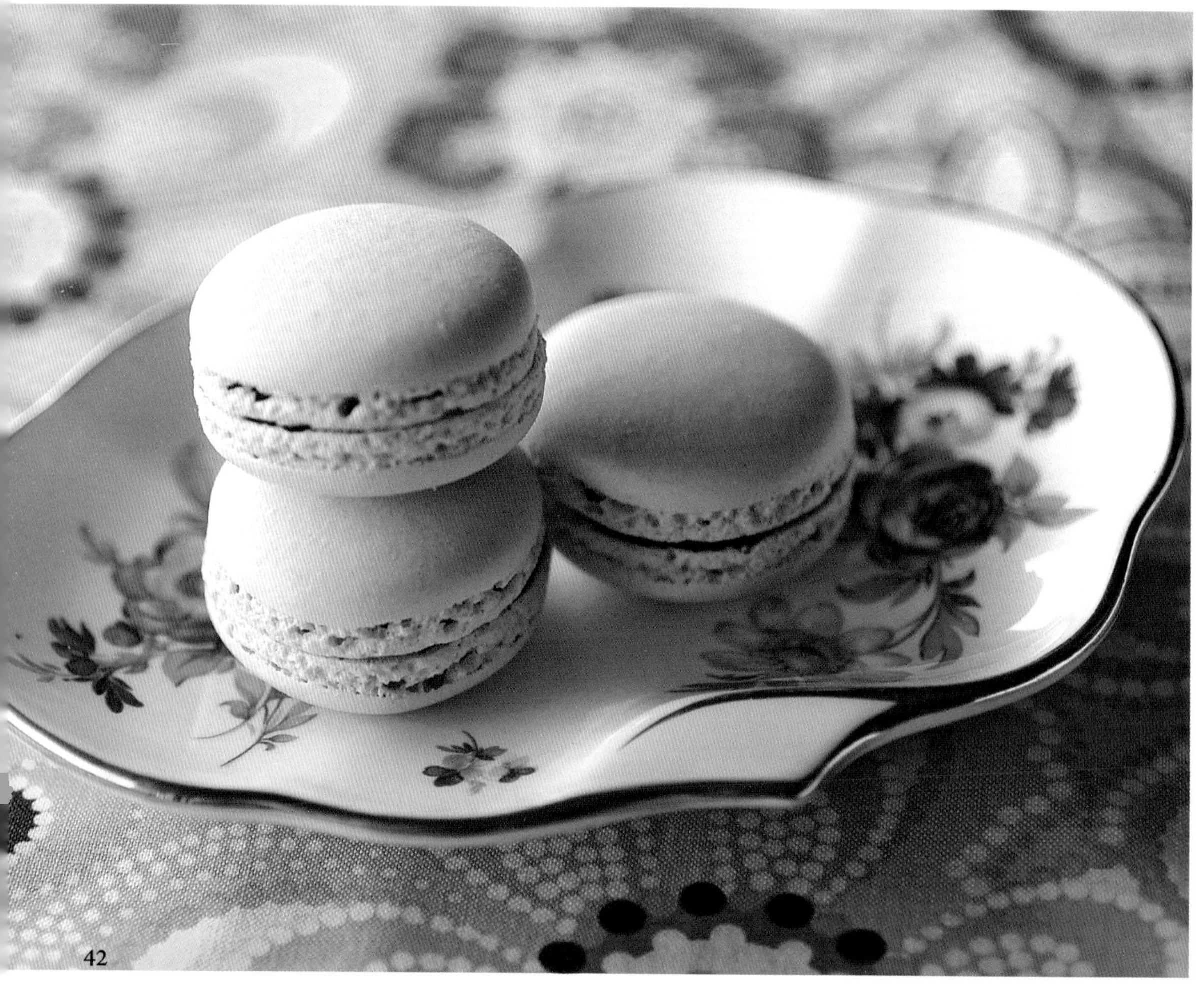

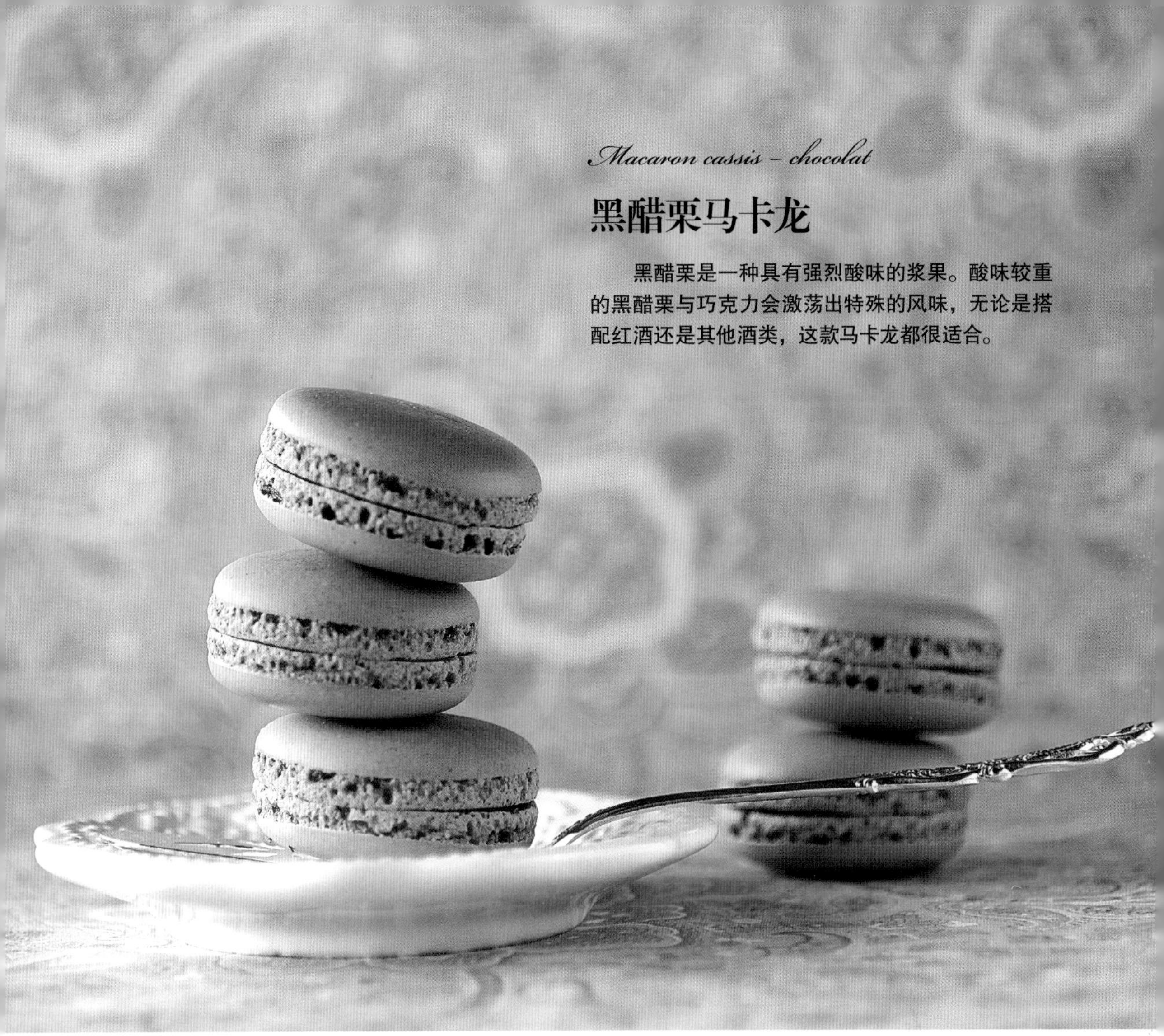

Macaron cassis - chocolat

黑醋栗马卡龙

黑醋栗是一种具有强烈酸味的浆果。酸味较重的黑醋栗与巧克力会激荡出特殊的风味，无论是搭配红酒还是其他酒类，这款马卡龙都很适合。

Française 法式蛋白霜

Recette

材料

· 蛋白	60 克	· 杏仁粉	50 克
· 蛋白粉	1 克	· 糖粉	90 克
· 细砂糖	25 克	· 黑醋栗果干粉	3 克

做法

利用上述材料，按照 P13 ~ 15 的做法制作法式蛋白霜马卡龙圆饼。黑醋栗果干粉、杏仁粉和糖粉需混合后过筛，再拌入打发的蛋白中。

Italienne 意式蛋白霜

Recette

材料

· 意式蛋白霜	90 克	· 黑醋栗果干粉	3 克
· 杏仁粉	65 克	· 蛋白	25 克
· 糖粉	65 克		

做法

利用上述材料，按照 P17 ~ 19 的做法制作意式蛋白霜马卡龙圆饼。黑醋栗果干粉、杏仁粉和糖粉需分别过筛后混合，再依序拌入蛋白及意式蛋白霜。

黑醋栗巧克力夹心馅

先制作甜巧克力夹心馅（材料与做法参见 P22），再加入 80 毫升鲜奶油和 20 克黑醋栗果泥，煮沸即可。

Macaron Fantaisie

特殊造型马卡龙

圆滚滚的马卡龙固然惹人喜爱，
但面糊采用不同挤法或排列方式所呈现的各种特殊造型，更令人爱不释手。
现在要向大家介绍的是泪滴形、心形、宝石和大理石纹等
各式各样变化丰富的创意造型马卡龙。

Macaron à la vanille

泪光闪闪——泪滴马卡龙

宛如泪滴般优美的泪滴马卡龙，表面点缀着耀眼的银粉。握着挤花袋的手要稍微放松力度，朝着手掌方向缓缓拖拽成泪滴形状。当然，你也可以依个人喜好制作成其他口味或不同的尺寸。

Française 法式蛋白霜

Recette

材料

· 蛋白　60 克
· 蛋白粉　1 克
· 细砂糖　25 克
· 杏仁粉　50 克
· 糖粉　90 克
· 香草豆荚　1/4 根

装饰

· 食用银粉　适量

做法

利用上述材料，按照 P13 ~ 15 的做法制作法式蛋白霜马卡龙圆饼。从香草豆荚中取出香草子，杏仁粉和糖粉混合过筛后，加入香草子，再拌入打发的蛋白中。

Italienne 意式蛋白霜

Recette

材料

· 意式蛋白霜　90 克
· 杏仁粉　65 克
· 糖粉　65 克
· 香草豆荚　1/4 根
· 蛋白　25 克

装饰

· 食用银粉　适量

做法

利用上述材料，按照 P17 ~ 19 的做法制作意式蛋白霜马卡龙圆饼。从香草豆荚中取出香草子，杏仁粉和糖粉混合过筛后，加入香草子，再依序拌入蛋白及意式蛋白霜。

Déco

挤法与装饰

采用挤圆形马卡龙的方式慢慢挤出面糊，然后从左上方向右下方缓缓拖拽花嘴，逐渐减小力度，挤成泪滴形状。待泪滴形面糊表面干燥后，即可放入烤箱烘烤。

烤好后，涂上香草奶油夹心馅并黏合马卡龙，然后放入冰箱冷藏。待马卡龙冷却后，用毛刷蘸少许食用银粉涂在表面作为装饰。

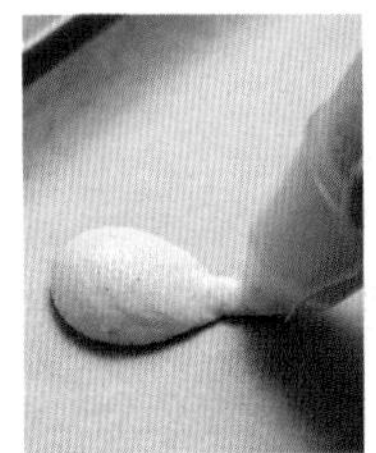

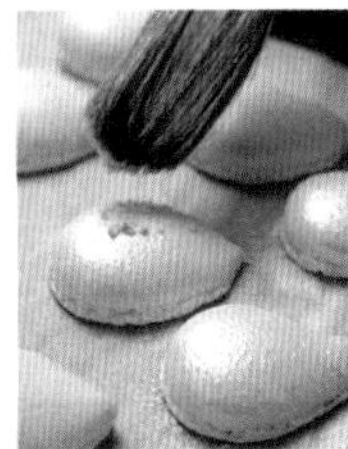

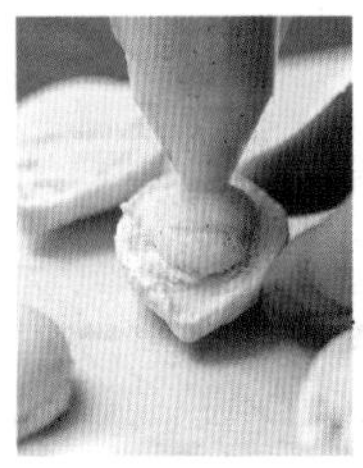

香草奶油夹心馅

参见 P20 的配方和制作方法完成香草奶油夹心馅。

Macaron à la fraise

心心相印——晶钻心形马卡龙

一起挑战超可爱的心形马卡龙吧！左右对称地挤出面糊是成功的关键。以食用金粉做装饰的马卡龙，看起来既华丽又亮眼。

Française 法式蛋白霜

Recette

材料

· 蛋白	60 克
· 蛋白粉	1 克
· 细砂糖	25 克
· 粉红色色素	适量
· 杏仁粉	50 克
· 糖粉	90 克
· 草莓果干粉	5 克

装饰

· 食用金粉	适量

做法

利用上述材料，按照 P13 ~ 15 的做法制作法式蛋白霜马卡龙圆饼。草莓果干粉、杏仁粉和糖粉需混合后过筛，再加入打发的蛋白中。

Italienne 意式蛋白霜

Recette

材料

· 意式蛋白霜	90 克
· 杏仁粉	65 克
· 糖粉	65 克
· 草莓果干粉	5 克
· 蛋白	25 克
· 粉红色色素	适量

装饰

· 食用金粉	适量

做法

利用上述材料，按照 P17 ~ 19 的做法制作意式蛋白霜马卡龙圆饼。草莓果干粉、杏仁粉和糖粉需分别过筛后混合，再依序加入蛋白及意式蛋白霜。粉红色色素请在步骤 2 时与蛋白一起加入。

Déco

挤法与装饰

采用挤圆形马卡龙的方式慢慢挤出面糊，然后从左上方向右下方缓缓拖拽花嘴，逐渐减小力度，挤成泪滴形状（到此为止，挤法要领与泪滴马卡龙相同）。

然后采用同样的方法，从右上方向左下方挤出面糊，就完成了左右对称的心形。等面糊表面干燥后，放入烤箱烘烤即可。

烤好后涂上覆盆子奶油夹心馅以黏合马卡龙，放入冰箱冷藏，然后用毛刷蘸少许食用金粉，涂在马卡龙的表面作为装饰即可。

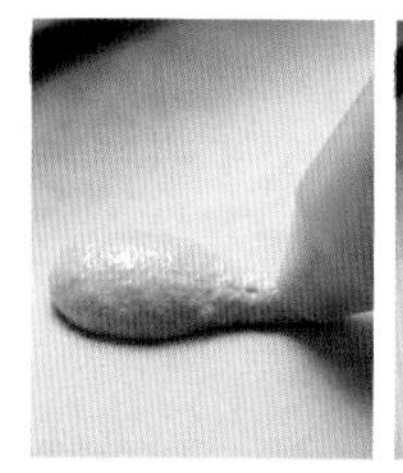
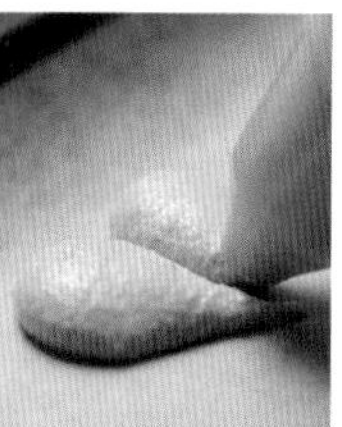

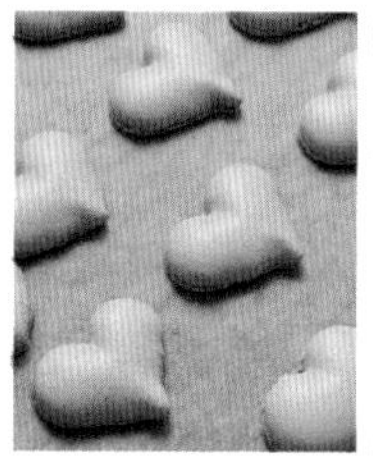

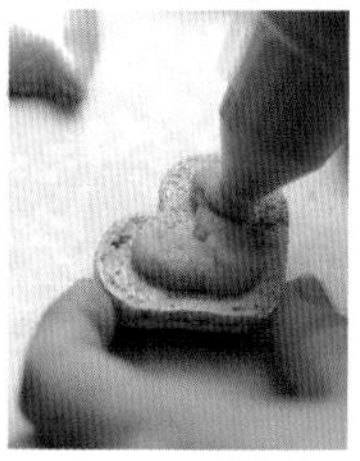

覆盆子奶油夹心馅

先制作基础奶油夹心馅（材料和做法参见 P20），再加入 20 克覆盆子果酱搅拌均匀。

Macaron à la lavande

花朵马卡龙

巧用泪滴形挤花技巧设计出的作品——花朵马卡龙。五片花瓣由中心向外绽放，就像真花一样。如果只有四片花瓣，就变成了可爱的四叶幸运草。

Française 法式蛋白霜

Recette

材料

· 蛋白	60 克
· 蛋白粉	1 克
· 细砂糖	25 克
· 杏仁粉	50 克
· 糖粉	90 克
· 薰衣草花粉（或干燥薰衣草 ※）	3 克

装饰

· 含羞草糖球	适量

※ 如使用干燥薰衣草，请用滤网或网眼较小的茶叶滤网过筛成粉末。

做法

利用上述材料，按照 P13 ~ 15 的做法完成法式蛋白霜马卡龙圆饼。薰衣草花粉、杏仁粉和糖粉混合后过筛，再加入打发的蛋白中。

Italienne 意式蛋白霜

Recette

材料

· 意式蛋白霜	90 克
· 杏仁粉	65 克
· 糖粉	65 克
· 薰衣草花粉（或干燥薰衣草 ※）	3 克
· 蛋白	25 克

装饰

· 含羞草糖球	适量

做法

利用上述材料，按照 P17 ~ 19 的做法制作意式蛋白霜马卡龙圆饼。薰衣草花粉、杏仁粉和糖粉需混合后过筛，再依序加入蛋白及意式蛋白霜。

Déco

挤法与装饰

采用挤圆形马卡龙的方式慢慢挤出面糊，然后从左上方向右下方缓缓拖拽花嘴，逐渐减小力度，挤成泪滴形状（到此为止，挤法要领与泪滴马卡龙相同）。

然后在右边挤出第二个泪滴形，采用相同的方法挤出五片花瓣的花朵形面糊，花心用含羞草糖球装饰。等面糊表面干燥后，即可放入烤箱烘烤。烤好后涂上薰衣草巧克力夹心馅黏合马卡龙，再放入冰箱冷藏即可。

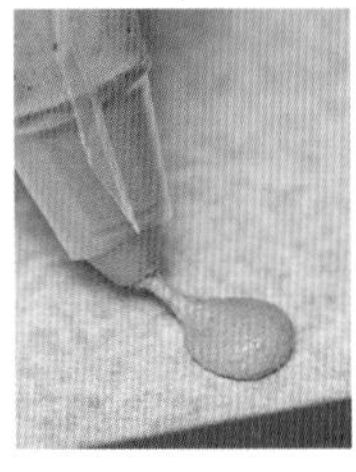

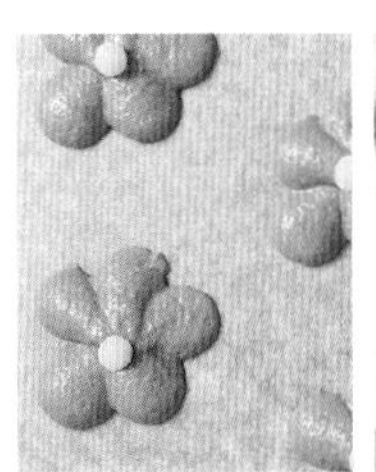

薰衣草巧克力夹心馅

先制作甜巧克力夹心馅（材料和做法参见 P22），在步骤 2 中将 5 克干燥薰衣草加入鲜奶油里煮沸。放置 15 分钟后，过滤吸收了香味的鲜奶油，最后加入巧克力碎屑，制成薰衣草巧克力夹心馅。

Macaron au café

马卡龙小熊

Saveur 咖啡口味

若将两小一大三块马卡龙圆饼连接在一起，你看，很像熊宝宝的脸吧！再用巧克力画出五官，就变成可爱的马卡龙小熊了。当作礼物送给朋友，对方一定会非常高兴的。

Française 法式蛋白霜

Recette

材料

· 蛋白	60 克
· 蛋白粉	1 克
· 细砂糖	25 克
· 杏仁粉	50 克
· 糖粉	90 克
· 咖啡浓缩液	5 毫升

装饰

· 巧克力笔	适量

做法

利用上述材料，按照 P13 ~ 15 的做法制作法式蛋白霜马卡龙圆饼。蛋白霜完成后，再加入咖啡浓缩液。

Italienne 意式蛋白霜

Recette

材料

· 意式蛋白霜	90 克
· 杏仁粉	65 克
· 糖粉	65 克
· 蛋白	25 克
· 咖啡浓缩液	5 毫升

装饰

· 巧克力笔	适量

做法

利用上述材料，按照 P17 ~ 19 的做法制作意式蛋白霜马卡龙圆饼。其中，咖啡浓缩液应在步骤 2 时与蛋白一起加入。

Déco

挤法与装饰

采用挤圆形面糊的基本要领，先挤出直径为 3 厘米的圆形当作小熊的脸；然后制作耳朵，在小熊脸的左上方和右上方各挤出一个直径为 1.5 厘米的小圆形，小熊就基本完成了。

待面糊表面干燥后，放入烤箱烘烤。烤好后涂上咖啡巧克力夹心馅以黏合马卡龙，然后放入冰箱冷藏，最后用巧克力笔为小熊画出可爱的五官就完成了。

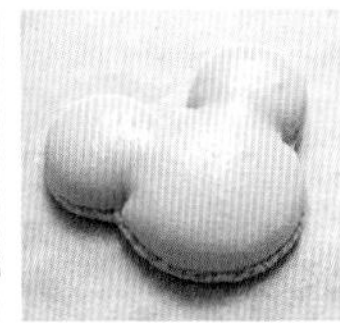

咖啡巧克力夹心馅

先制作甜巧克力夹心馅（材料和做法参见 P22），再加入 10 毫升咖啡浓缩液搅拌均匀。

Macaron au citron

长饼马卡龙

我试着将马卡龙做成细长的闪电泡芙形状。状似手指的外形非常时髦，散发出时尚的都市气息。除了巧克力夹心馅，也可以夹入鲜奶油和水果当馅料。

Française 法式蛋白霜

Recette

材料

· 蛋白	60 克
· 蛋白粉	1 克
· 细砂糖	25 克
· 黄色色素	适量
· 杏仁粉	50 克
· 糖粉	90 克
· 柠檬皮	1/2 个的量

装饰

· 开心果	适量

做法

利用上述材料，按照 P13 ~ 15 的做法完成法式蛋白霜马卡龙圆饼。将柠檬皮磨碎后，与杏仁粉和糖粉混合，再加入打发的蛋白里。

Italienne 意式蛋白霜

Recette

材料

· 意式蛋白霜	90 克
· 杏仁粉	65 克
· 糖粉	65 克
· 柠檬皮	1/2 个的量
· 蛋白	25 克
· 黄色色素	适量

装饰

· 开心果	适量

做法

利用上述材料，按照 P17 ~ 19 的做法制作意式蛋白霜马卡龙圆饼。其中，柠檬皮磨碎后，与杏仁粉和糖粉混合，再依序加入蛋白及意式蛋白霜。黄色色素请在步骤 2 时与蛋白一起加入。

Déco

挤法与装饰

在烤盘纸上画出 6 条间隔 5 厘米的平行线，按照平行线的间隔宽度，由左向右移动挤花袋，挤出像闪电泡芙般细长的面糊，然后在挤好的面糊表面撒上切碎的开心果。等面糊表面干燥后，放入烤箱烘烤。烤好后，涂上柠檬巧克力夹心馅以黏合马卡龙，再放入冰箱冷藏即可。

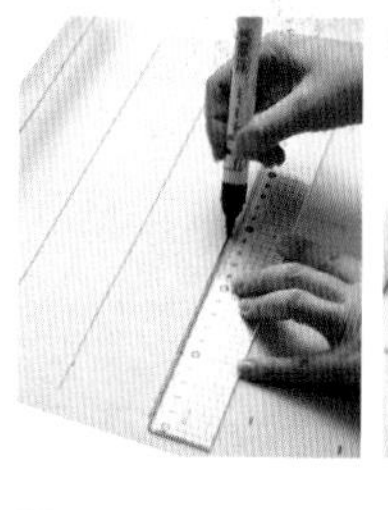
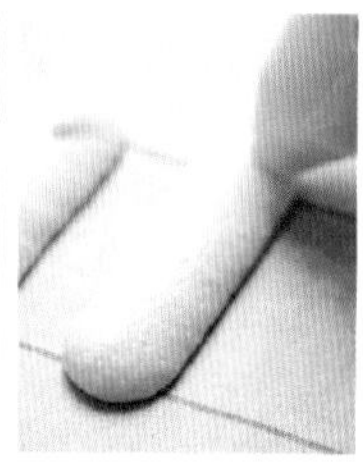
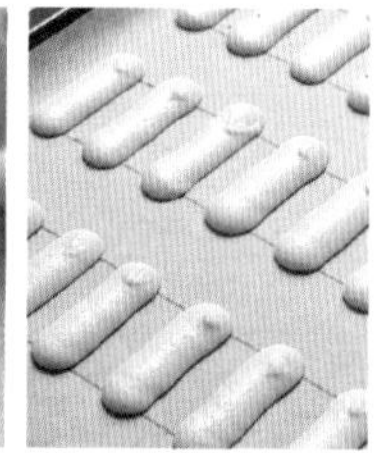

柠檬巧克力夹心馅

先制作甜巧克力夹心馅（材料和做法参见 P22），再将 1/2 个柠檬的皮磨碎后，加入甜巧克力夹心馅里搅拌均匀即可。

Macaron au vin rouge

宝石马卡龙

想制作如同宝石般闪耀的马卡龙，所以将银色、金色和粉红色的食用珍珠球一一点缀在马卡龙的表面。红酒口味的马卡龙搭配华丽的装饰，看起来就像真的宝石一样!

Française 法式蛋白霜

Recette

材料

· 蛋白	60 克
· 蛋白粉	1 克
· 细砂糖	25 克
· 杏仁粉	50 克
· 糖粉	90 克
· 红酒粉	5 克

装饰

· 各色食用珍珠球　适量

做法

利用上述材料，按照 P13 ~ 15 的做法制作法式蛋白霜马卡龙圆饼。红酒粉、杏仁粉和糖粉需混合后过筛，再加入打发的蛋白中。

Italienne 意式蛋白霜

Recette

材料

· 意式蛋白霜	90 克
· 杏仁粉	65 克
· 糖粉	65 克
· 红酒粉	5 克
· 蛋白	25 克

装饰

· 各色食用珍珠球　适量

做法

利用上述材料，按照 P17 ~ 19 的做法制作意式蛋白霜马卡龙圆饼。红酒粉、杏仁粉和糖粉需分别过筛后混合，再依序拌入蛋白及意式蛋白霜。

Déco

挤法与装饰

采用基础圆形面糊的挤法挤出圆饼状面糊，然后用各色食用珍珠球装饰表面。

等面糊表面干燥后，放入烤箱烘烤。烤好后涂上红酒奶油夹心馅以黏合马卡龙，再放入冰箱冷藏即可。

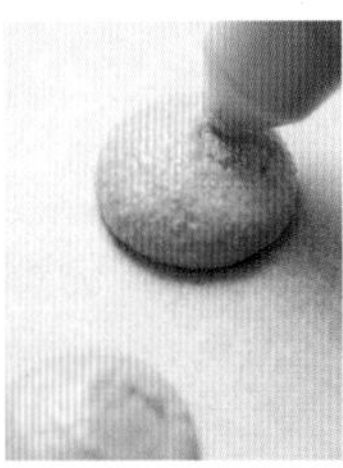
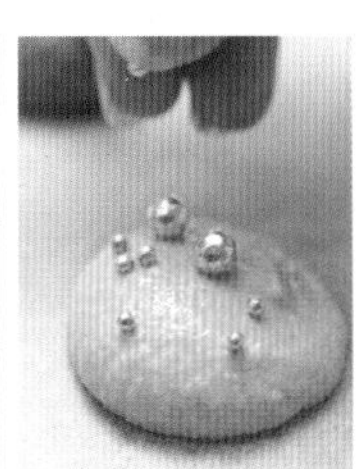

红酒奶油夹心馅

先制作基础奶油夹心馅（材料与做法参见 P20），再加入 20 克红酒香精混合均匀；也可以在基础奶油夹心馅中加入 20 克葡萄果酱拌匀。

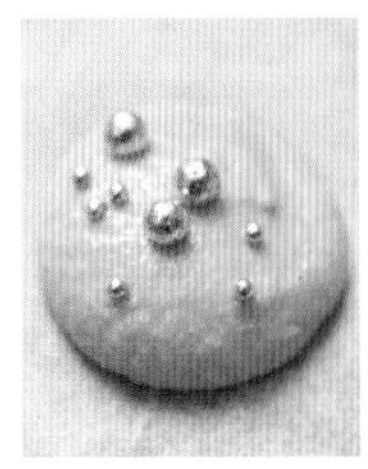

Macaron marbré

大理石马卡龙

前面介绍了各式各样的马卡龙造型变化，下面要一次使用两种不同口味的面糊，制造大理石纹。你可以自由搭配不同的口味，烘焙出专属于自己的马卡龙。现在介绍的草莓牛奶马卡龙与浓情巧克力马卡龙是敝店的马卡龙人气款。

Fraise au lait

草莓牛奶马卡龙

（草莓与香草的大理石纹）

A *Fraise* **草莓面糊**

法式与意式蛋白霜面糊的配方与做法参见 P46。

B *Vanille* **香草面糊**

法式与意式蛋白霜面糊的配方与做法参见 P45。

草莓奶油夹心馅

先制作基础奶油夹心馅（材料和做法参见 P20），再加入 20 克草莓果酱混合均匀即可。

Passion chocolat

浓情巧克力马卡龙

（柠檬与巧克力的大理石纹）

A *Chocolat* **巧克力面糊**

法式与意式蛋白霜面糊的配方与做法参见 P29。

B *Citron* **柠檬面糊**

法式与意式蛋白霜面糊的配方与做法参见 P52。

热带水果巧克力夹心馅

先制作甜巧克力夹心馅（材料和做法参见 P22），再加入20毫升热带水果泥，混合均匀即可。

Coucher 挤法

方法一

制作好 A 与 B 两种蛋白霜面糊，再将两种面糊轮流装入挤花袋里，以少量多次的方式填装，才能做出漂亮的大理石纹效果。最后慢慢挤出圆形面糊。

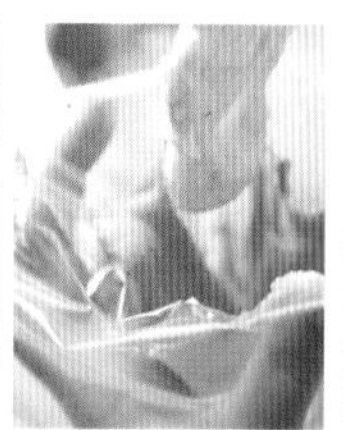
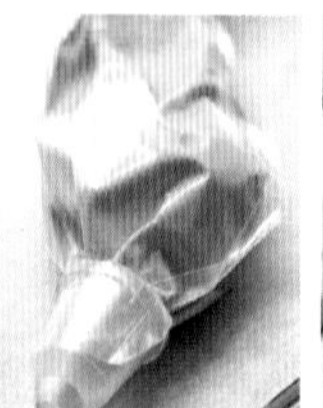
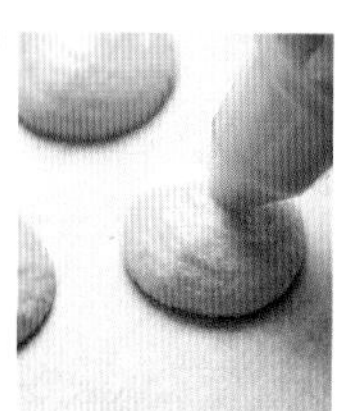
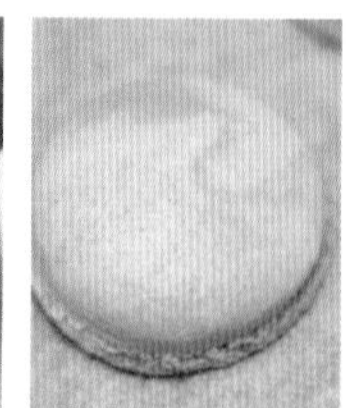

用其中一种面糊挤出圆形面糊，然后在表面挤上一小团另一种面糊，用竹签加以混合即可。

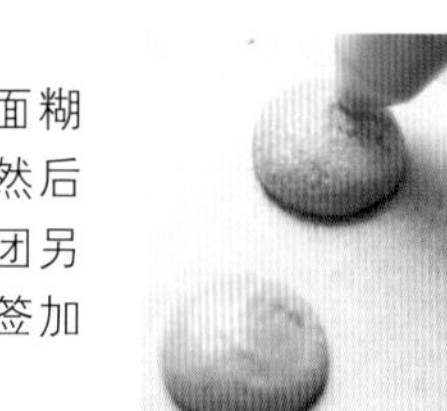
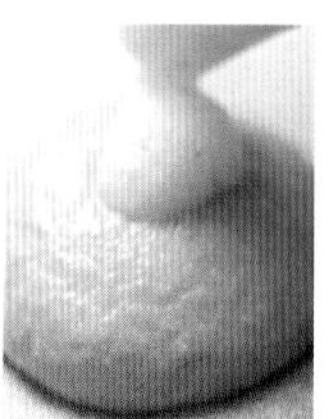

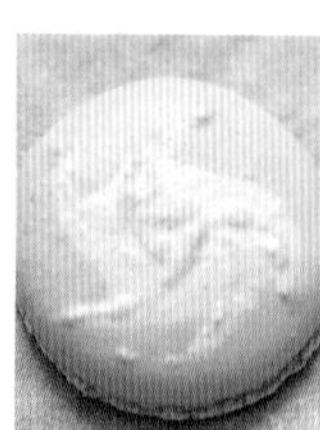

Macaframboise

马卡龙蛋糕

马卡龙除了小巧可爱的造型，还可以放大成精致的蛋糕。中间夹入满满的草莓与浆果，口感层次也会变得更丰富。这是让人舍不得入口的梦幻马卡龙蛋糕。

Française 法式蛋白霜

Recette

材料与做法

参见 P13 ~ 15 的材料与制作方法，以法式蛋白霜为基底，制作马卡龙圆饼。

Italienne 意式蛋白霜

Recette

材料

· 意式蛋白霜	90 克	· 覆盆子果干粉	65 克
· 杏仁粉	65 克	· 蛋白	25 克
· 糖粉	65 克	· 粉红色色素	适量

做法

利用上述材料，按照 P17 ~ 19 的做法制作意式蛋白霜马卡龙圆饼。覆盆子果干粉、杏仁粉和糖粉需分别过筛后混合，再依序加入蛋白及意式蛋白霜。粉红色色素请在步骤 2 时与蛋白一起加入。

Française & Italienne

法式与意式蛋白霜通用材料

夹心材料

· 新鲜覆盆子	30 个	· 覆盆子果酱	适量
· 新鲜草莓	5 个	· 麦芽糖	适量

炼乳奶油夹心馅

先制作基础奶油夹心馅（材料和做法参见 P20），再加入 20 克炼乳搅拌均匀。

Déco

挤法与装饰

1. 在烤盘纸上画出两个直径为 12 厘米的圆形。
2. 从圆心开始挤面糊，沿顺时针方向绕圈挤出直径约 12 厘米的漩涡状面糊，然后以相同的方式挤出另一个圆形，共两片。参见 P15（法式蛋白霜）或 P19（意式蛋白霜）的方式进行烘焙，因为尺寸较大，所以烘焙的时间约需 20 分钟。
3. 马卡龙圆饼烤好后静置降温，然后将其中一片翻面，从圆心向外铺上一层薄薄的炼乳奶油夹心馅。蛋糕的外缘和中央先排满一圈新鲜覆盆子，其余的空间涂上覆盆子果酱。
4. 将切好的草莓放在果酱上的空隙处，再铺上一层薄薄的炼乳奶油夹心馅，然后覆盖另一片马卡龙圆饼。将蛋糕放入冰箱冷却定形。
5. 用麦芽糖将新鲜草莓和覆盆子粘在蛋糕表面作为装饰即可。

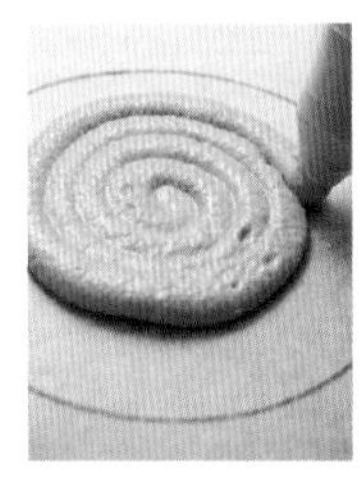

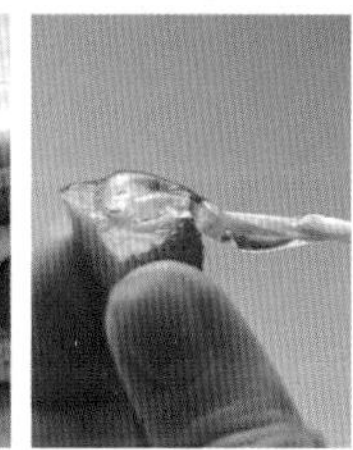

La pyramide

马卡龙塔

无论是在巴黎点心专卖店、"Pâtisserie Kanae" 的展示橱窗里，还是在婚宴上，马卡龙塔总能瞬间吸引众人的目光，一起来做做看吧！

准备材料（塔高约 30 厘米）

- 马卡龙 60 个
- 锡箔纸
- 插花海绵
- 竹签与牙签
- 剪刀或刀子
- 圆形圈

准备大量的马卡龙

1. 依个人喜好准备好各种颜色的马卡龙。由于组合马卡龙塔时，马卡龙无法避免会出现损耗，所以要预备足够的数量。

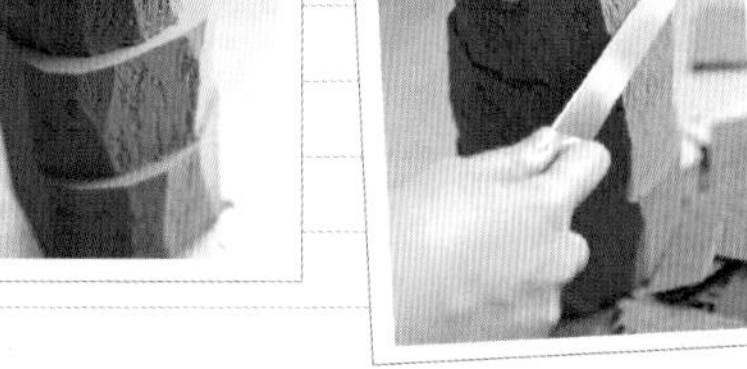

制作马卡龙塔的基底

2. 制作作为马卡龙塔基底的圆锥形海绵塔。将直径为 12 厘米的圆形圈放在插花海绵上，用刀子修去多余的部分。

3. 将三块圆形海绵叠放在一起，用竹签插入中心固定。

4. 从插花海绵的顶端向下方修整形状，削成塔形。

5. 塔形基底削好后，用锡箔纸包覆表面，马卡龙塔的基底就完成了。

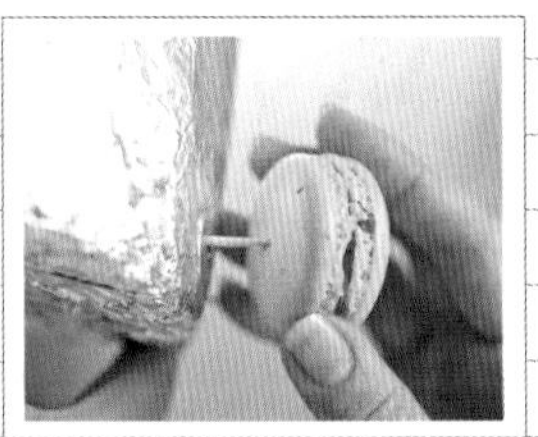

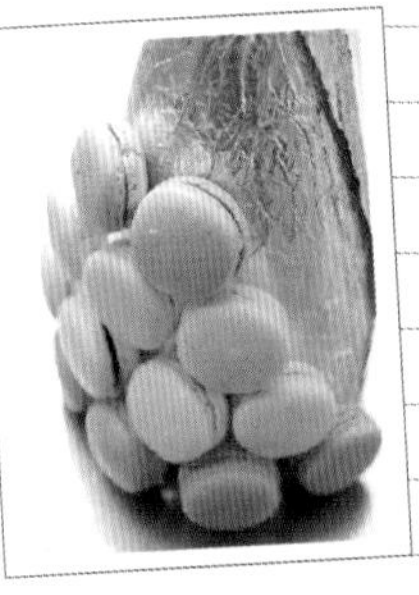

组合马卡龙塔

6. 将事先准备好的马卡龙插上牙签，然后插在基底上。

7. 从最下层开始装饰，完成一圈再向上一层，直至完成整个马卡龙塔。

完成！

Macaron-Sucette

马卡龙盆栽

这种方式也很可爱

将插入竹签的马卡龙插在小盆栽里，就变成了可爱的马卡龙盆栽。无论是装饰在餐桌上，还是用于点缀宴会，都很好看。

Chronique 专栏

马卡龙的美味调查——
关于马卡龙的新口味研发

敝店“Pâtisserie Kanae”出售的马卡龙，种类通常会保持在20种左右。

不过，马卡龙的口味若是一成不变，对我和客人来说都未免无趣了些，所以每个月我会固定推出三种新口味，有时则是当季限量的季节性口味。例如，9月的限量马卡龙以烤红薯、南瓜和焦糖苹果为主角，11月的主角则是栗子泥、卡布奇诺和柚子。我在研发新口味马卡龙时，总希望能同时强调出食材的口感与季节性。

虽然马卡龙新品只有三种，但每个月都要推陈出新，实在是件苦差事。虽然添加色素为面糊换换颜色或让夹心馅的口味从奶油换成巧克力等，也算是创意的一部分，却让我觉得有点乏味。从面糊配方方面进行突破，不但更有趣，也是我坚持的自我挑战。

我在研发马卡龙新品时，非常注重面糊必须完整保留食材的风味；而面糊与奶油或巧克力夹心馅的比例，则是另一个美味的关键因素。

出于这个缘故，我不停地寻找各式各样的干燥食材，一旦发现了有趣的食材，就赶紧尝试。新材料的获得，往往来自进口食品专卖店中的偶然发现，甚至在超市中购物时，也总是想着：“这个可不可以用呢？”总之，就是到处寻宝做研发。

某年夏天，我曾推出过一款巧克力咖喱马卡龙，掺了咖喱粉和胡椒的面糊，搭配胡椒口味的苦甜巧克力夹心馅，让马卡龙散发出非常独特的魅力。

除此之外，我还尝试过汽水和可乐口味的创意马卡龙，有一次甚至还到杂货店去买汽水粉和可乐粉回来尝试……

在创新马卡龙时，有时是因为看到材料而乍然出现灵感，有时则相反，先想到要做什么口味，再去寻找适合的材料。例如，制作深受女性欢迎的玫瑰和薰衣草等花香马卡龙时使用的食用花粉，就是通过网络搜寻并订购的。而现在我都是直接向花农购买花茶专用的玫瑰花瓣，再将花瓣磨成粉后加入面糊中，烘焙成玫瑰马卡龙。

为马卡龙寻找合适的材料，是一个辛苦却愉快的过程。春天来临时，樱花花粉、樱花叶的粉末甚至艾草都会派上用场，马卡龙也会变得更具有日式风情。

在蔬菜系列马卡龙上，我也曾下了不少功夫。添加了番茄、菠菜和胡萝卜等蔬果粉烤出来的马卡龙，色泽漂亮，吃起来非常可口。以牛蒡、莲藕和姜黄之类的蔬菜为基底的马卡龙，虽然也尝试着做过，却未曾在店里正式推出，最近正考虑是否要推出以此为主题的新品马卡龙。

除了干燥粉末，还有橘子、柠檬和柚子等柑橘味水果，将果皮磨碎后加入面糊里，味道非常不错。还可以加入薄荷和洋甘菊等干燥香草，让马卡龙的香气更浓郁。

依照上面介绍的方式，我们能烘焙出各式各样风味的马卡龙；马卡龙的千变万化令人兴致勃勃，滋味更是绝佳。因此，除了本书介绍的马卡龙之外，你也可以自己寻找不同的材料，创作出专属于个人的创意马卡龙！

Photo 照片

Macarons et Religieuses de Paris

巴黎街头的马卡龙与修女泡芙

Kanaé Kobayashi
小林香苗摄

Macarons

马卡龙

Religieuses

修女泡芙

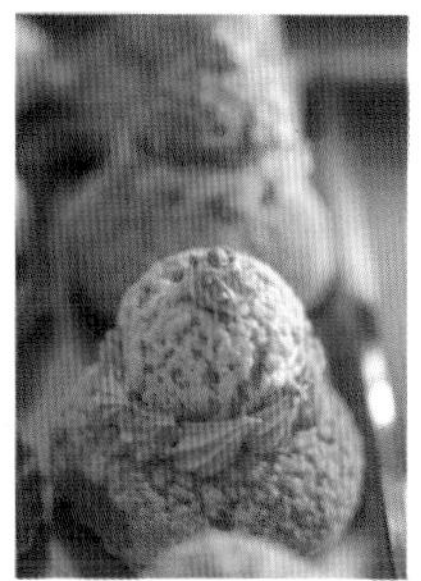

Religieuses: Recettes de base

Les Religieuses de Kanaé

修女泡芙：入门级

富有特色的修女泡芙

Religieuses de Paris

巴黎的法式修女泡芙

“Religieuse”在法语里是“修女”的意思。
圆滚滚且有点不规则的外形，
让修女泡芙看起来既娇憨又惹人怜爱。
它也是巴黎人气上升中的法国传统甜点。

Religieuse

基础修女泡芙

Religieuse à la vanille

香草修女泡芙

Recette

材料（分量约 15 个）

· 牛奶	50 毫升
· 冷开水	50 毫升
· 无盐奶油	50 克
· 盐	1 克
· 低筋面粉	65 克
· 中等大小的鸡蛋	2 个

※ 中等大小的鸡蛋重 58 ~ 64 克。

1 *Pâte à Choux*

基础泡芙面糊

修女泡芙是用泡芙面糊制作的点心。
只要掌握了诀窍，后面就很容易操作了。
首先从面糊制作开始学起吧！
用烤箱烘烤时，除非面糊膨胀变成金黄色，
否则绝对不能中途打开烤箱。

Pâte à Choux

制作泡芙面糊

1.

2.

1. 将鸡蛋打散。
2. 将牛奶、冷开水、无盐奶油和盐倒入小锅中，用中火加热并煮沸，注意不可过度沸溢。
3. 一旦锅中材料煮沸，立即熄火并离炉，接着筛入低筋面粉，同时用木铲快速拌匀，混合所有材料。

3.

用力搅拌。

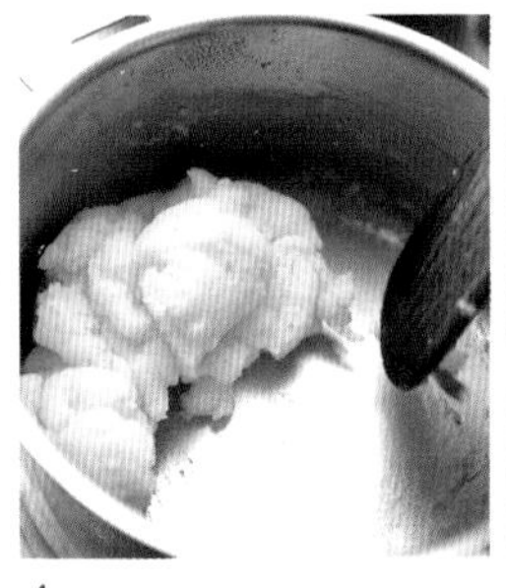

4.

将材料搅拌均匀，直至成团。

4. 将材料搅拌成团，呈马铃薯泥状，再用中火加热约 1 分钟，同时用木铲充分搅拌，使面糊中的水分蒸发。

5. 熄火后，将打散的鸡蛋分三次加入锅中，边加入边用木铲用力拌匀。用力搅拌会使面粉产生筋性，增加黏性，烤出来的泡芙才会又膨又香。

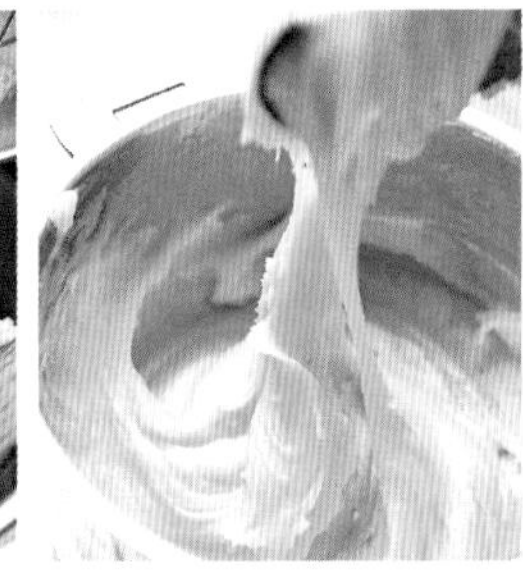

5.

6. 面糊富有光泽，用木铲挖起时，会呈倒三角形缓缓滴落。

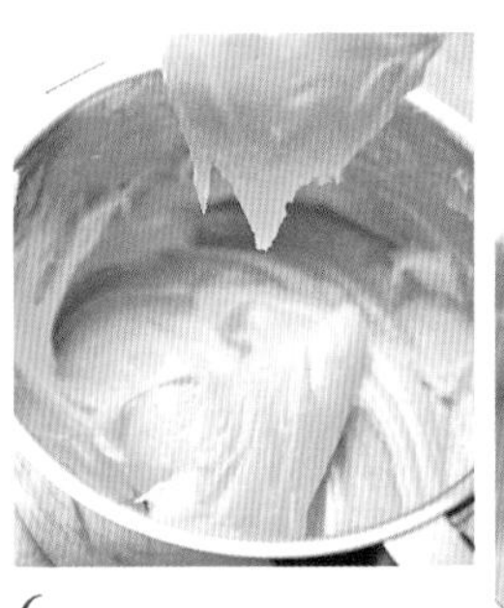
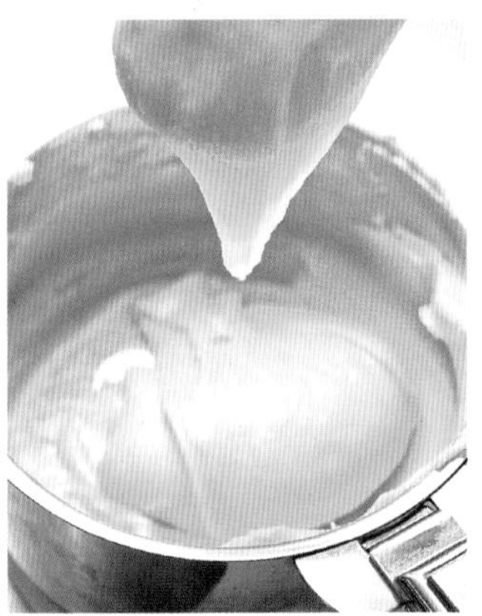

6.

制作完成的面糊不但充满光泽，而且呈湿稠状。

※ 每次加入泡芙面糊的鸡蛋分量非常重要。需要特别注意，加入太多的鸡蛋会使面糊过软，但分量不足又会太硬，导致泡芙烘烤时膨胀不充分。

Coucher

挤法

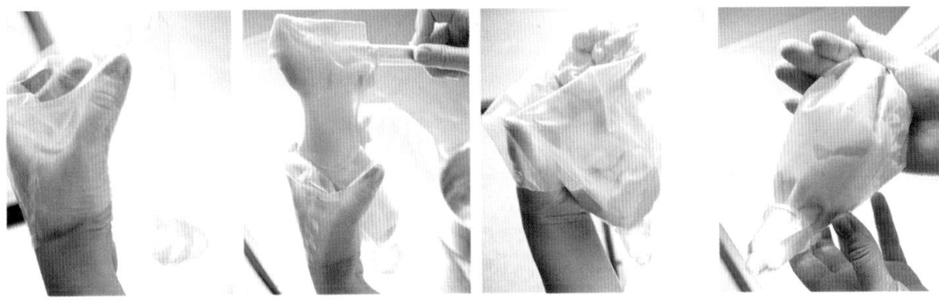

7.

7. 在挤花袋中装入直径为 1 厘米的圆形花嘴，然后将面糊倒入挤花袋中。在铺好烤盘纸的烤盘上，依次挤出直径约为 5 厘米和 3 厘米两种尺寸的圆形面糊。与挤马卡龙面糊的诀窍相同，不要晃动或移动花嘴，而要集中在一个点上挤出面糊。

Cuisson

烘焙方法

8.

8. 将烤箱预热至 200℃，再放入面糊烘烤约 20 分钟，泡芙面糊会渐渐膨胀，并溢出香味。

9. 当泡芙呈金黄色之后，即可从烤箱中取出降温。

9.

泡芙的底部也会呈金黄色。

2 Créme et Fondant 奶油与翻糖的做法

填入修女泡芙的卡士达奶油
与最后淋在泡芙上的翻糖，
就利用烘烤泡芙的空闲时间制作吧！

Crème Pâtissière 基础卡士达奶油

熬煮卡士达奶油的过程中，不断用力搅拌，直至沸腾，这是让卡士达奶油美味的秘诀。完成后，还可以添加各种不同的调味材料，让卡士达奶油具有更多风味变化。

Recette

材料

· 牛奶	250 毫升	· 蛋黄	3 个
· 香草豆荚	1/4 根	· 低筋面粉	30 克
· 细砂糖	60 克	· 无盐奶油	20 克

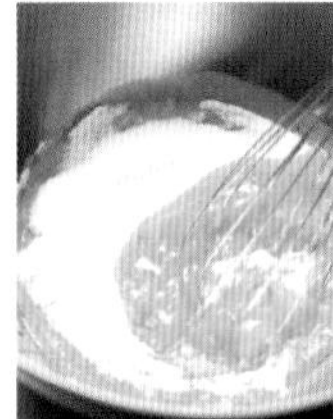
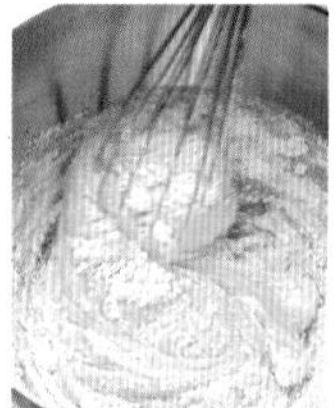
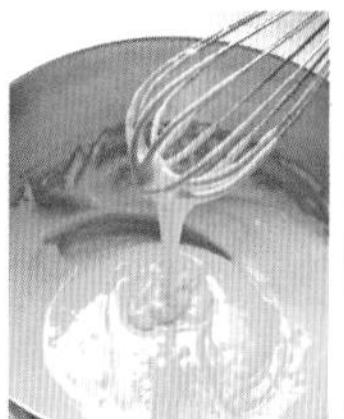
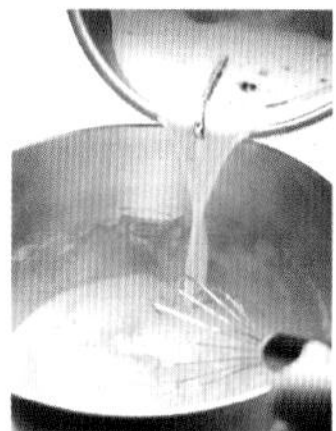

做法

1. 将牛奶、香草豆荚与一半分量的细砂糖加入锅中，用中火加热。
2. 将蛋黄和余下的细砂糖倒入钢盆中，用打蛋器搅打至颜色变浅。
3. 将低筋面粉过筛，加入打好的蛋黄糖液中轻轻拌匀。
4. 边用打蛋器搅打面糊，边加入步骤 1 的材料混合均匀。
5. 用滤网过滤后倒回锅中，边快速搅拌边用中火加热，直至沸腾且面糊变得浓稠，搅拌时能看见锅底。
6. 沸腾后关火，再加入无盐奶油，并搅拌均匀。
7. 完成后，将卡士达奶油倒进钢盆里，用保鲜膜完全密封覆盖，再将钢盆放在冰水上，使其迅速冷却。

Fondant 基础翻糖

翻糖（fondant）是指砂糖溶解后结晶的糖霜。在法国，它是制作闪电泡芙与修女泡芙的必备材料之一。下面介绍的翻糖做法，只需混合糖粉和冷开水，因此在家就能轻松完成。

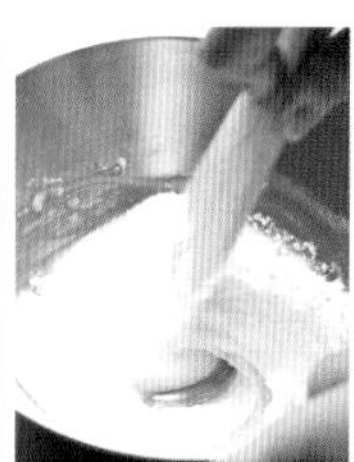

Recette

材料

· 糖粉	200 克
· 冷开水	25 毫升

做法

1. 将糖粉倒进钢盆里，边慢慢倒入冷开水，边用木铲或橡皮刮刀充分搅拌。
2. 持续做加入冷开水并均匀搅拌的动作，直至糖水变得浓稠，并呈现出光泽即可。

Crème Pâtissière & Fondant

卡士达奶油与翻糖的口味变化

做好的卡士达奶油和翻糖还可以利用水果泥、抹茶或咖啡浓缩液等食材，变化出各式各样的绝佳风味。

卡士达奶油的口味变化

只要加入各种材料拌匀，
就能立刻变成不同的口味。

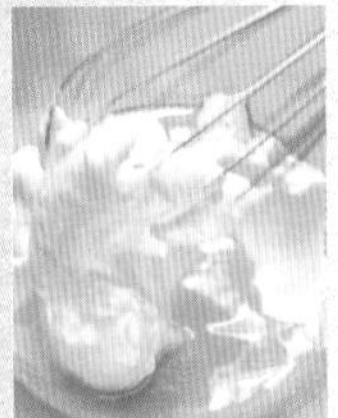

热带水果口味

■加入水果泥

覆盆子口味

卡士达奶油 200 克 + 覆盆子果泥 30 克

热带水果口味

卡士达奶油 200 克 + 热带水果泥 30 克

抹茶口味

■加入调味粉

抹茶口味

卡士达奶油 200 克 + 抹茶粉 4 克

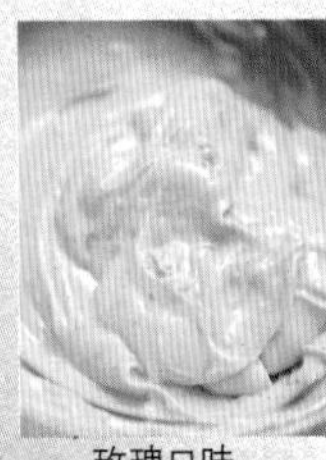

玫瑰口味

■加入香精

玫瑰口味

卡士达奶油 200 克 + 玫瑰香精 20 克

焦糖口味

卡士达奶油 200 克 + 焦糖香精 40 克

巧克力口味

卡士达奶油 200 克 + 熔化的巧克力 30 克

■加入浓缩液

咖啡口味

卡士达奶油 200 克 + 咖啡浓缩液 15 毫升

翻糖的口味变化

将各式材料和糖粉混合，
再依照基础翻糖的做法（P72）制作即可。

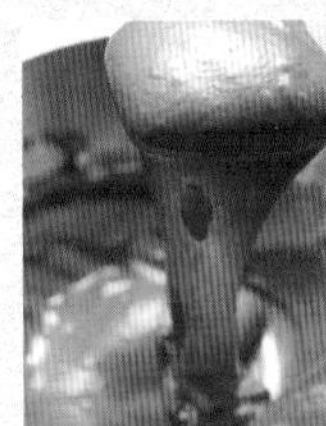

覆盆子口味

■加入水果泥

覆盆子口味

糖粉 150 克 + 覆盆子果泥 40 克

热带水果口味

糖粉 150 克 + 热带水果泥 30 克

巧克力口味

■加入调味粉

抹茶口味

糖粉 200 克 + 抹茶粉 6 克 + 白开水 30 毫升

巧克力口味

糖粉 150 克 + 可可粉 7 克 + 白开水 25 毫升

焦糖口味

糖粉 150 克 + 焦糖粉 7 克 + 白开水 25 毫升

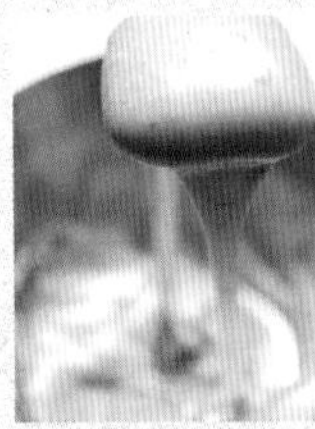

玫瑰口味

■加入香精

玫瑰口味

糖粉 150 克 + 玫瑰香精 15 克 + 白开水 15 毫升

■加入浓缩液

咖啡口味

糖粉 200 克 + 咖啡浓缩液 25 毫升

3 *Décoration*

组合与装饰

泡芙、卡士达奶油和翻糖都准备好了，
终于到了组合修女泡芙的阶段。
只要把卡士达奶油填入泡芙里，
美味的法式修女泡芙就完成了！

Recette

材料（分量约 20 个）

装饰用奶油

- 无盐奶油 50 克
- 玫瑰香精 5 克

※ 本书以玫瑰香精示范，你也可以选用自己喜欢的果酱或其他材料，与无盐奶油混合出各种不同的风味及颜色，把修女泡芙打扮成你喜欢的可爱模样。

装饰

- 金、银等各色食用珍珠球 适量

制作装饰用奶油

1.

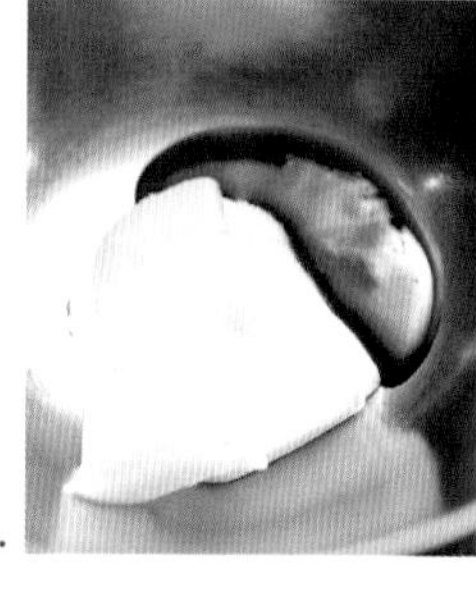

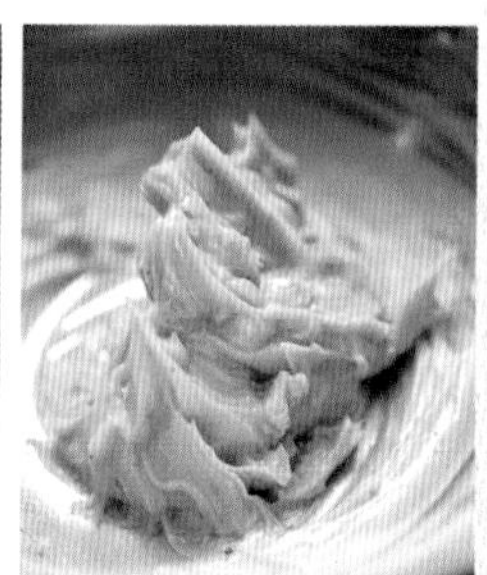

1. 将无盐奶油升至常温后，与玫瑰香精拌匀，制作成装饰用奶油。

填装奶油馅

2.

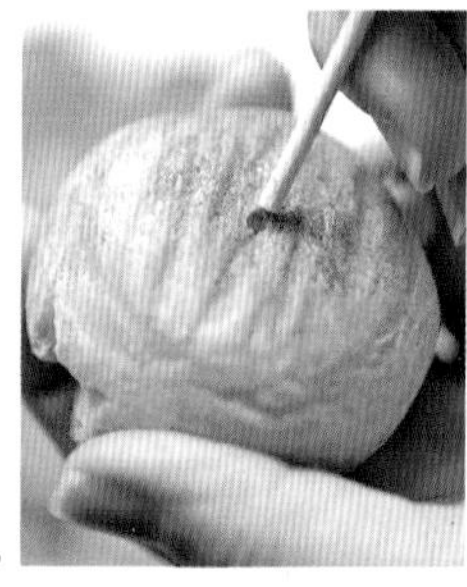

2. 用竹签在泡芙的底部戳一个小洞，将卡士达奶油装入挤花袋中，再依泡芙的大小挤入适量卡士达奶油。

Montage

组合泡芙

3.

用手指抹去多余的翻糖。

4.
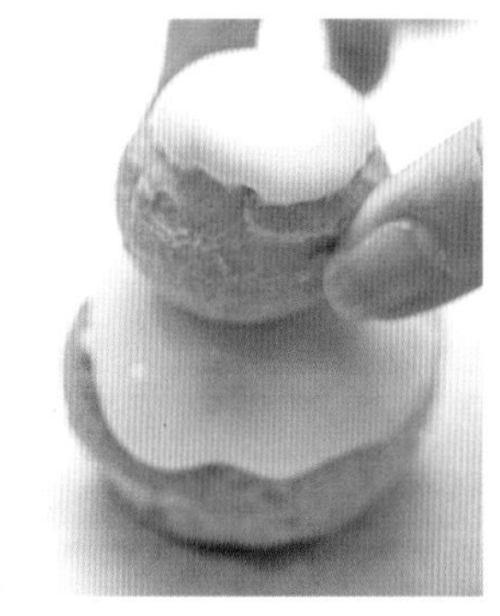

3. 钢盆中准备好翻糖，将大泡芙倒着放入钢盆里，让一半表皮沾裹上一层翻糖。

4. 小泡芙的表皮也沾裹上一层翻糖后，趁大泡芙上的翻糖还没干，将小泡芙叠放在大泡芙的上方。

Décoration

装饰

5.
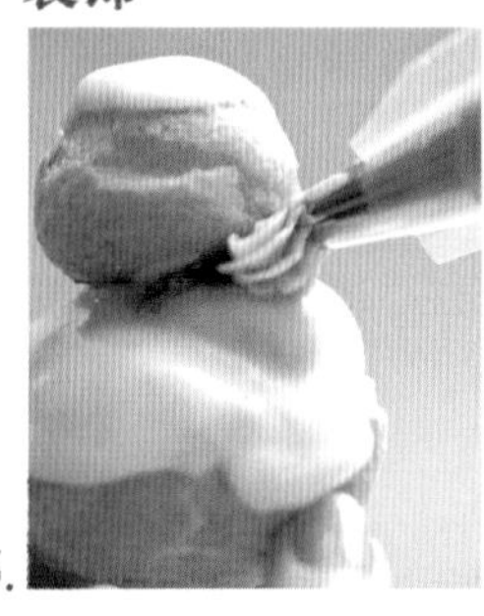
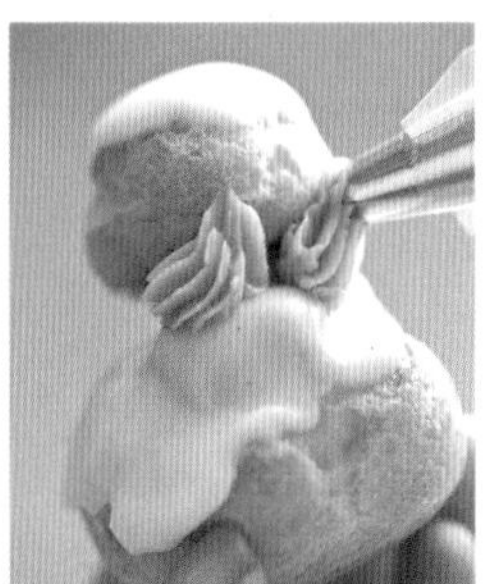

由下向上挤花。

6.

点缀食用珍珠球。

5. 将星形小花嘴套入挤花袋中，再装入装饰用奶油，然后在大、小泡芙之间依固定间隔由下向上挤出 5 朵奶油花。

6. 在小泡芙的顶端也挤上一团奶油，然后用金色或银色的食用珍珠球装饰即可（P68 使用了金色食用珍珠球装饰）。

可爱的修女泡芙完成了。

特殊造型修女泡芙

Religieuse à la rose

玫瑰修女泡芙

粉红色的可爱修女泡芙散发着优雅的玫瑰花香，它的巴黎风情十足，是我个人很喜欢的口味。

Recette

材料

Choux **基础泡芙面糊**

Crème **玫瑰卡士达奶油**
卡士达奶油 200 克 + 玫瑰香精 20 克

Fondant **玫瑰翻糖**
糖粉 150 克 + 玫瑰香精 15 克 + 冷开水 15 毫升

Déco **装饰用奶油与粉红色食用珍珠球**
- 无盐奶油 50 克 + 玫瑰香精 5 克
- 粉红色食用珍珠球　适量

※ 如果没有玫瑰香精，用玫瑰果酱代替也可以。

做法

1. 按照 P69 ~ 71 的做法制作基础泡芙面糊。
2. 按照 P72 和 P73 的做法制作玫瑰口味的卡士达奶油和翻糖。
3. 按照 P74 和 P75 的方式组合泡芙，再挤上装饰用奶油，然后用粉红色食用珍珠球装饰即可。

Religieuse au café

咖啡修女泡芙

这个口味的灵感来自巴黎人最爱的咖啡闪电泡芙，微苦的咖啡搭配香甜的卡士达奶油，呈现出绝妙的好滋味。

Recette

材料

Choux **基础泡芙面糊**

Crème **咖啡卡士达奶油**
卡士达奶油 200 克 + 咖啡浓缩液 15 毫升

Fondant **咖啡翻糖**
糖粉 200 克 + 咖啡浓缩液 25 毫升

Déco **装饰用奶油与银色食用珍珠球**
- 无盐奶油 50 克 + 玫瑰香精 5 克
- 银色食用珍珠球　适量

※ 如果没有咖啡浓缩液，用速溶咖啡加少许热水调匀代替即可。

做法

1. 按照 P69 ~ 71 的做法制作基础泡芙面糊。
2. 按照 P72 和 P73 的做法制作咖啡口味的卡士达奶油和翻糖。
3. 按照 P74 和 P75 的方式组合泡芙，再挤上装饰用奶油，然后用银色食用珍珠球装饰即可。

Religieuse aux fruits de la passion

热带水果修女泡芙

酸酸甜甜的热带水果是我的最爱。只要在卡士达奶油里混入果泥，即可轻松完成这道甜点。

Recette

材料

Choux **基础泡芙面糊**

Crème **热带水果卡士达奶油**
卡士达奶油 200 克 + 热带水果泥 30 克

Fondant **热带水果翻糖**
糖粉 150 克 + 热带水果泥 25 克

Déco **装饰用奶油与金色食用珍珠球**
・无盐奶油 50 克 + 玫瑰香精 5 克
・金色食用珍珠球　适量

做法

1. 按照 P69 ~ 71 的做法制作基础泡芙面糊。
2. 按照 P72 和 P73 的做法制作热带水果口味的卡士达奶油和翻糖。
3. 按照 P74 和 P75 的方式组合泡芙，再挤上装饰用奶油，然后用金色食用珍珠球装饰即可。

Religieuse à la framboise

覆盆子修女泡芙

酸中带甜的水果风味，搭配浓郁的卡士达奶油，酸味与甜味的比例搭配得刚刚好。再加上粉红色的翻糖，看起来实在娇俏可爱。

Recette

材料

Choux **基础泡芙面糊**

Crème **覆盆子卡士达奶油**
卡士达奶油 200 克 + 覆盆子果泥 30 克

Fondant **覆盆子翻糖**
糖粉 150 克 + 覆盆子果泥 40 克

Déco **装饰用奶油与银色食用珍珠球**
- 无盐奶油 50 克 + 玫瑰香精 5 克
- 银色食用珍珠球　适量

做法

1. 按照 P69 ~ 71 的做法制作基础泡芙面糊。
2. 按照 P72 和 P73 的做法制作覆盆子口味的卡士达奶油与翻糖。
3. 按照 P74 和 P75 的方式组合泡芙，再挤上装饰用奶油，然后用银色食用珍珠球装饰即可。

Religieuse au chocolat

巧克力修女泡芙

在法国，巧克力口味的修女泡芙是非常传统的古典风味。不过只要改变巧克力的种类，口感变化就会随之倍增。

Recette

材料

Choux **基础泡芙面糊**

Crème **巧克力卡士达奶油**
卡士达奶油 200 克 + 熔化的烘焙专用巧克力 30 克

Fondant **巧克力翻糖**
糖粉 150 克 + 可可粉 7 克 + 白开水 15 毫升

Déco **装饰用奶油与粉红色食用珍珠球**
・无盐奶油 50 克 + 玫瑰香精 5 克
・粉红色食用珍珠球　适量

※ 请采用隔水加热的方式熔化烘焙专用巧克力。另外，还可以用甜巧克力或苦甜巧克力进行口味变化。

做法

1. 按照 P69 ~ 71 的做法制作基础泡芙面糊。
2. 按照 P72 和 P73 的做法制作巧克力口味的卡士达奶油和翻糖。
3. 按照 P74 和 P75 的方式组合泡芙，再挤上装饰用奶油，然后用粉红色食用珍珠球装饰即可。

Religieuse au caramel

焦糖修女泡芙

如果家里有做好的生牛奶糖，可以用微波炉加热熔化后使用。只要与卡士达奶油拌匀，就成了可口的焦糖卡士达奶油。

Recette

材料

Choux **基础泡芙面糊**

Crème **焦糖卡士达奶油**
卡士达奶油 200 克 + 焦糖香精 20 克

Fondant **焦糖翻糖**
糖粉 150 克 + 焦糖粉 7 克 + 白开水 25 毫升

Déco **装饰用奶油与金色食用珍珠球**
・无盐奶油 50 克 + 玫瑰香精 5 克
・金色食用珍珠球　适量

※ 焦糖香精可以选用市售的成品，也可以将两三颗生牛奶糖放入微波炉中加热数秒，直至熔化。使用自己亲手制作的生牛奶糖酱，感觉更美味。

做法

1. 按照 P69 ~ 71 的做法制作基础泡芙面糊。
2. 按照 P72 和 P73 的做法制作焦糖口味的卡士达奶油和翻糖。
3. 按照 P74 和 P75 的方式组合泡芙，再挤上装饰用奶油，然后用金色食用珍珠球装饰即可。

Religieuse au matcha

抹茶修女泡芙

如果要将日式食材融入西式甜点中，抹茶当然是首选。除此之外，卡士达奶油与红糖蜜组合，也十分美味。

Recette

材料

Choux **基础泡芙面糊**

Crème **抹茶卡士达奶油**
卡士达奶油 200 克 + 抹茶粉 4 克

Fondant **抹茶翻糖**
糖粉 150 克 + 抹茶粉 6 克 + 白开水 30 毫升

Déco **装饰用奶油与银色食用珍珠球**
- 无盐奶油 50 克 + 玫瑰香精 5 克
- 银色食用珍珠球　适量

※ 用 20 克红糖蜜代替抹茶粉，加入卡士达奶油中混合，制成的红糖蜜口味也很好。

做法

1. 按照 P69 ~ 71 的做法制作基础泡芙面糊。
2. 按照 P72 和 P73 的做法制作抹茶口味的卡士达奶油和翻糖。
3. 按照 P74 和 P75 的方式组合泡芙，再挤上装饰用奶油，然后用银色食用珍珠球装饰即可。

Chronique 专栏

拥抱传统的法式甜点——
在巴黎与各式各样的修女泡芙相遇

最近，巴黎的甜点专卖店纷纷流行在传统甜点中融入甜点师傅的个人风格，并创作出充满现代感的甜点，其中以马卡龙和闪电泡芙最具人气。

除此之外，外形可爱的修女泡芙也受到人们的关注，它是众多法式甜点中越来越受欢迎的一款。

过去以巧克力、咖啡和焦糖等口味为主流的甜点，现在增加了玫瑰和开心果等各式各样的口味与种类，视觉上也出现了粉红色、黄色及绿色等越来越缤纷的色彩，让甜点具有更进一步的迷人变化。

在巴黎的蒙日广场附近，有一家新开的“Carl Marletti”甜点专卖店，陈列了五六种缤纷美丽的修女泡芙；而在丽佛里大道上，以蒙布朗闻名的“Angelina”甜点专卖店，最近以饼干般酥脆的泡芙外皮代替翻糖，创作出了新式修女泡芙。其他还有位于蒙恬大道的雅典娜酒店，应不同季节推出各种新款修女泡芙，如正在溜巧克力滑板的修女泡芙和戴着帽子的修女泡芙等，各种新造型甜点的研发，让人看了趣味盎然。

当然，如此受到巴黎瞩目的修女泡芙，与使用相同面糊制作的闪电泡芙相比，在创意上还有很大的进步空间。但因为修女泡芙无论怎么装扮都十分可爱，排列组合与变化的乐趣大增，相信今后在巴黎的人气还会持续上升。

下次拜访巴黎时，我想一定会在更多的甜点专卖店里遇见各种充满个性且可口的修女泡芙！

“Angelina”店内的修女泡芙

“Carl Marletti”店内的修女泡芙

蜡烛造型的修女泡芙

Epilogue
跋

读完本书之后，大家都成功地烤出好吃的马卡龙了吗？希望通过本书开始第一次挑战马卡龙的读者，都能因此感受到烘焙马卡龙的乐趣！

除了烘焙的乐趣之外，不同配方的排列组合，无论形状与装饰怎么变化都很可爱的外形，以及独具创意与个人特色的新式口味等，都是我热爱马卡龙的原因。如果本书能向大家传达这份感动，我将非常开心。

对我而言，将面粉与鸡蛋等材料拌匀后放入烤箱烘烤，这段等待成品出炉的幸福时光与逐渐飘散出来的诱人香气，就是烘焙甜点的最大乐趣。

本书为你详细描述了制作马卡龙的各个步骤，同时还介绍了许多马卡龙与修女泡芙的创意作品，也令我度过了愉快的创作时光。

马卡龙对我来说是非常特别的事物。通过这本书，希望能向大家传达我对马卡龙及其他甜点的理念。书里的甜点范例全部都是精心手工制作，并依照每款马卡龙或修女泡芙的特点进行整体搭配的，同时也是由我在京都家中的客厅里进行实物拍摄的，每个环节都尽量做到让自己满意为止。

最后要特别感谢 MYCOM 出版社的甜点迷——諏访先生，他总是抱着“来写本有趣的书吧”的态度，积极地给予意见。我能在愉快的气氛中完成本书，都是他的功劳。

今后，希望能通过书籍向读者介绍马卡龙、其他甜点等所有我喜爱的事物，以及那些令人着迷不已的珍贵点滴。

Kanaé Kobayashi

小林香苗

Original Japanese edition published by Mynavi Corporation.
This Simplified Chinese edition is published by arrangement with
Mynavi Corporation,Tokyo in care of Tuttle-Mori Agency,Inc.,Tokyo
through Future View Technology Ltd.,Taipei

著作权合同登记号：图字16—2012—066

图书在版编目（CIP）数据

巴黎食尚风：手作马卡龙和法式泡芙 /（日）小林香苗著；黛嘉译．—郑州：河南科学技术出版社，2013.10
ISBN 978-7-5349-6474-9

Ⅰ．①巴…　Ⅱ．①小…　②黛…　Ⅲ．①烘焙－糕点加工－法国　Ⅳ．①TS213.2

中国版本图书馆 CIP 数据核字（2013）第 184666 号

出版发行： 河南科学技术出版社
地址：郑州市经五路66号　　邮编：450002
电话：（0371）65737028　　65788613
网址：www.hnstp.cn

策划编辑： 刘　欣
责任编辑： 葛鹏程
责任校对： 柯　姣
封面设计： 百朗文化
印　　刷： 北京市雅迪彩色印刷有限公司
经　　销： 全国新华书店
幅面尺寸： 186mm × 260mm　　**印张：** 6　　**字数：** 100千字
版　　次： 2013年10月第1版　　2013年10月第1次印刷
定　　价： 28.00元

如发现印、装质量问题，影响阅读，请与出版社联系并调换。

Macarons et Religieuses

Toutes mes meilleures recettes pour réussir des religieuses et des macarons délicieux!

找寻最好的法式马卡龙
品味精美的修女泡芙

Macarons et Religieuses

Toutes mes meilleures recettes pour réussir des religieuses et des macarons délicieux!

找寻最好的法式马卡龙
品味精美的修女泡芙

Macarons et Religieuses

Toutes mes meilleures recettes pour réussir des religieuses et des macarons délicieux!

找寻最好的法式马卡龙
品味精美的修女泡芙